海外华文教育系列教材

总主编　贾益民

中国概况

ZHONGGUO GAIKUANG

莫海斌　邵长超
蔡贤榜　李卫涛　编著

暨南大学出版社
JINAN UNIVERSITY PRESS

中国·广州

图书在版编目（CIP）数据

中国概况/莫海斌，邵长超，蔡贤榜，李卫涛编著．—广州：暨南大学出版社，2012.6（2019.4 重印）

（海外华文教育系列教材/贾益民总主编）

ISBN 978 - 7 - 5668 - 0165 - 4

Ⅰ.①中…　Ⅱ.①莫…②邵…③蔡…④李…　Ⅲ.①中国—概况　Ⅳ.①K92

中国版本图书馆 CIP 数据核字（2012）第 066729 号

中国概况

ZHONGGUO GAIKUANG

编著者：莫海斌　邵长超　蔡贤榜　李卫涛

出 版 人：徐义雄

策划编辑：人　文

责任编辑：崔军亚　陈绪泉

责任校对：周明恩

责任印制：汤慧君　周一丹

出版发行：暨南大学出版社（510630）

电　　话：总编室（8620）85221601

　　　　　营销部（8620）85225284　85228291　85228292（邮购）

传　　真：（8620）85221583（办公室）　85223774（营销部）

网　　址：http://www.jnupress.com

排　　版：广州市天河星辰文化发展部照排中心

印　　刷：佛山市浩文彩色印刷有限公司

开　　本：787mm×960mm　1/16

印　　张：12.25

字　　数：266 千

版　　次：2012 年 6 月第 1 版

印　　次：2019 年 4 月第 2 次

定　　价：35.00 元

总　序

改革开放以来的 30 多年，是中华民族走向复兴的历史时期，也是汉语大步走向国际、海外华文教育复兴的历史机遇期。曾几何时，在东南亚某些国家，华文书籍与毒品、枪支一起被列入海关查禁的范围，华人传承本民族的语言和文化，要冒巨大的生命危险。直到 20 世纪 80 年代末 90 年代初，随着中国经济的发展，经贸往来带动了语言的需求，汉语的国际交往价值显著提升。中国和平崛起的事实以及和谐外交、睦邻外交政策，使得汉语更为快速和稳健地在东南亚乃至全球得以传播。东南亚国家与中国的经济往来密切，地缘政治和文化上的关系紧密相连，东南亚又是华侨华人最为集中的区域。落地生根的华人一方面积极地融入居住国的主流文化、投身所在国的经济文化建设，一方面也对保留和传承自身的民族性十分重视，他们对华文教育的复兴和发展充满了期待，也投入了巨大的热情。从某种程度上来说，30 多年来东南亚华文教育的复兴，在汉语的国际传播中是最为引人注目的。

海外华文教育的需求，极大地鼓舞了中国对外汉语教学院校、机构和专业人士的工作热情。仅在印度尼西亚，从 20 世纪 90 年代末暨南大学华文教育专家首度应邀进行大范围的师资培训以来，到如今已有全国众多高校为印度尼西亚的汉语教学提供了多方面的支持，印度尼西亚的华文教育呈现出良好的发展势头。国际形势的不断发展，也对中国高校协助、支持有需要的国家开展华文教育和汉语教学提出了新要求，其中师资和教材的本土化是最为突出的问题。就师资而论，我们认为，要解决有关国家普遍存在的汉语师资紧缺问题，实现华文教育和汉语教学的可持续发展，本土化师资的培养是关键。海外华文教育和汉语国际教育对师资的需求是多方面的，在印度尼西亚和其他一些东南亚国家，华文教育被禁锢几十年之后的复苏时期，短期师资培训是解决师资燃眉之急最有效的方法。从长远看，开展各种学位层次的学历教育，则是师资培养专业化、规范化的必由之路。海外一部分有志于华文教育工作的华裔子弟，有条件到中国留学并接受全日制学历教育，而更多无法离开工作岗位的在职教师也迫切希望接受正规的华文教学、汉语国际教育的学历教育，希望中国高校能送教上门。正是在这样的背景下，我们提出了多层次、多类型培养海外华文教师的思路，并采取了一系列举措。

所谓多层次，就是学历教育与非学历教育并举。其中学历教育包括专科、本科、研究生等不同学历，学士、硕士、博士等不同学位层次的华文教育师资培养；非学历主要是时间长短不一的各种师资培训班教学。多类型是指既有科学学位又有专业学位教育，既有全日制又有业余兼读制办学，既有面授教学又有远程网络教学，多种形式结合的组织教学方式，师资培养既"请进来"也"走出去"。为此，暨南大学在2005年向中国教育部申请开设了大学招生目录外新专业——"华文教育"本科专业，并建立了全国首个华文教育系，每年招收一批海外华裔子弟，接受正规的四年本科师范性教育；在研究生教育层次，除了在语言学及应用语言学专业招收科学学位"对外汉语教学与华文教育"硕士研究生之外，又在全国首批招收了"汉语国际推广"方向科学学位硕士，并成为全国首批招收"汉语国际教育"专业学位硕士研究生的高校。在学士和硕士培养的基础上，目前正在筹划目录外自主设立"海外华语研究与华文教学"的二级学科博士生培养学位点。在走出去办学方面，除了开设孔子学院之外，暨南大学先后在新加坡、美国、印度尼西亚设立了研究生培养海外教学点，在印度尼西亚、泰国、菲律宾、德国、英国等国的20多个城市设立了华文教育本科教学点，在澳大利亚、德国、菲律宾等国建立了一批以推广教材教法为目的的海外实验学校。以这些海外教学点、实验学校为依托，暨南大学的海外华文教育工作在本世纪头十年得以在世界许多国家蓬勃开展。同时，我们也欣喜地看到，国内许多高校也纷纷与国外教育机构签署协议，在当地教育机构的协助下就地办学，为海外华文师资的培养，提供了实实在在的支持，从而在一定程度上有效地缓解了世界上许多国家，特别是东南亚国家汉语教师不足的燃眉之急，并为海外华文教育的可持续发展打下了一定的基础。

海外办学的开展，对教材建设提出了新要求。由于教学对象、教学环境、学习方式的特殊性，国内全日制办学使用的教材未必完全适合于海外教学点。我们除了组织编写像《中文》这样的学汉语教材、《海外华文师资培训教程》等短期师资培训教材之外，也迫切需要编写一套海外教学点适用的本科、研究生教材。暨南大学的海外教学点本科华文教育、对外汉语专业从2001年在印度尼西亚开始招生，到目前办学已有10年之久。10年前，为了满足教学需要，我们编写了相关专业的教学计划，并组织一批年轻教师编写了其中10多门核心课程和主干课程的讲义。这些讲义经过多年的试用，不断修订和完善，目前已基本达到出版要求，在暨南大学出版社的大力支持下，拟于近期以"海外华文教育系列教材"的形式陆续推出。首批出版的教材涵盖汉语言文字本体知识、华语运用、华语修辞、华语教学、华文教育学、语言心理学、计算机辅助华文教学等几个方面。考虑到海外华人，特别是东南亚华人的习惯，各册讲义原以"汉语"命名的均改称"华语"。

这套"海外华文教育系列教材"的适用对象是海外兼读制华文教育、对外汉语、汉语言文学、汉语言等专业的成人教育系列本科生。教材在内容上力求做到符合海外学习者的需要。海外学习者一方面需要学习汉语言及其教学的基础知识，另一方面需要掌握教育学、心理学、第二语言教学的基础理论和基本原理，更重要的是要能够学以致用。为此，我们要求教材尽可能富有针对性和实用性。具体而言，在以下几个方面特别注意与国内全日制教材有所区别：第一，在教学内容上体现文化的包容性，尽可能避免政治文化、宗教文化、民俗文化等方面的冲突，淡化意识形态色彩。第二，在内容的深浅、难度把握上，在保证知识的完整性、常规性基础上，从海外教学对象的实际需要出发，做到难易适度。第三，强调教学内容的更新和创新。更新表现在及时吸收相关学科常规知识化了的新的研究成果，淘汰国内教材中陈旧过时了的内容，对尚属探索性、学界还未取得共识的内容，尽量不编入教材或者不作为教材传播的主体知识；创新主要表现在针对海外学习者的特殊性，编写一些适合他们需要的内容，以收到释疑解惑的效果。第四，在知识的表述方面，尽可能做到具体易懂。我们特别强调教材多用实例说明抽象的理论问题，多采用案例教学方式，使教学内容具体形象。第五，在教材语言上，尽可能避免晦涩难懂，同时在遵循现代汉语规范的基础上，适当吸收海外华语有生命力的语言成分，使学习者在学习学科专业知识的同时，也能受到标准汉语的熏陶，培养汉语语感。各册教材的编写者，经过多次讲授，在讲义的基础上修订完成这套教材，我们希望无论是教还是学，这套教材都能真正做到实用、合用，能尽可能符合海外华文教育师资培养的实际需要。

本套教材的出版，得到了暨南大学出版社的大力支持，责任编辑更是付出了许多辛勤的劳动，在此特致以由衷谢忱！我们也恳切希望教材的海内外使用者能及时反馈有关信息，多多给予批评指正，以便我们日后修订完善，不断提高。

是为序。

贾益民

2011 年 7 月 28 日

目　录

第一章　国土与资源

第一节　疆域和行政区划

一、位置和面积

中国位于北半球，在亚洲的东部，太平洋西岸。中国领土辽阔广大，陆地总面积约960万平方千米，领海面积约为300万平方千米。在世界各国中仅次于俄罗斯、加拿大，居第三位，差不多同整个欧洲面积相等。

中国疆域四至点：

最北——在黑龙江省漠河以北的黑龙江主航道中心线上（约53°N）；

最南——在南海南沙群岛中的曾母暗沙（约4°N）；

最东——在黑龙江与乌苏里江主航道中心线的交汇处（约135°E）；

最西——在新疆帕米尔高原（约73°E）。

中国领土南北跨纬度近50°，南北相距约5 500千米。东西跨经度60°以上，从最东端到最西端的直线距离约5 200千米；根据世界时区的划分，分属于东5时区至东9时区。为了使用上方便，中国各地采用北京所在东8区的区时，作为全国统一使用的时间，这就是"北京时间"。

二、疆界和邻国

中国的陆地边界线长约22 800千米，陆地相邻的国家有14个：东有朝鲜；北有俄罗斯、蒙古；西北有哈萨克斯坦、吉尔吉斯斯坦、塔吉克斯坦；西有阿富汗、巴基斯坦；西南有印度、尼泊尔、不丹；南有缅甸、老挝和越南。

中国的海岸线也很长，仅大陆海岸线就长达18 000多千米。由北向南，环绕大陆边缘的海有渤海、黄海、东海和南海，它们与太平洋连成一片。与中国隔海相望的国家：东有韩国、日本；东南面和南面是菲律宾、马来西亚、文莱和印度尼西亚等国。

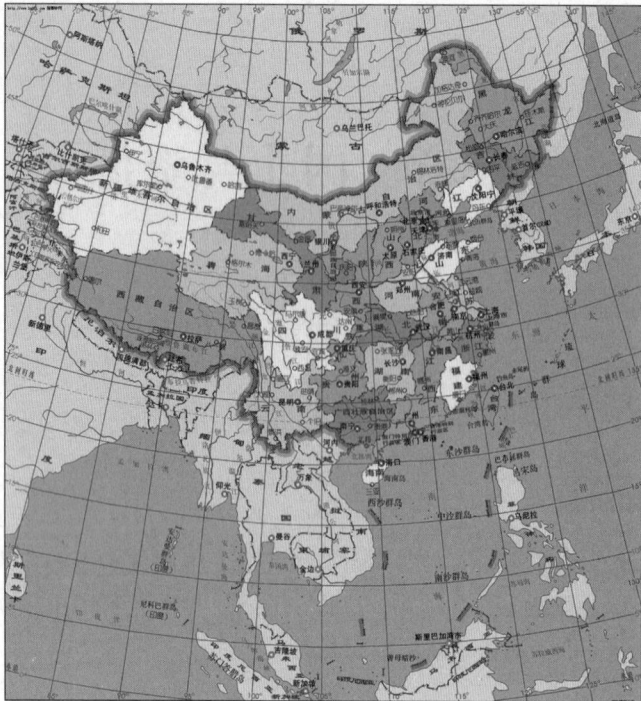

中国政区图

中国沿海分布着一系列大小岛屿，总数有 6 000 多个，主要分布在东海和南海。中国最大的岛屿是台湾岛，其次是海南岛，再次是崇明岛。

中国地理位置优越。从纬度位置看，中国跨纬度很广，北回归线从南部穿过，领土由南至北，从热带直到寒温带，因而热带、亚热带、温带、寒温带的农作物都有适宜生长的地区。

从海陆位置看，中国东临太平洋，西部深入亚欧大陆内部。东部广大地区受海洋暖湿气流的影响，雨量充沛，有利于农业生产。沿海地区还便于发展海洋事业，西部则便于从陆上与欧亚各国发展贸易，并已建成了横贯欧亚大陆的铁路。折腾

三、中国地形

（一）地形特征

1. 地形复杂多样

中国地形复杂多样，山地、高原、盆地、平原、丘陵都具备。各种地形交错分布，为发展多种经济提供了有利条件。每一种地形内部，景观差异也很大，这进一步加深了地形复杂的程度，也给各地区人们的生产和生活打上了深深的烙印。

2. 山地为主，盆地较少，平原面积更少

中国是一个多山的国家，山地面积约占全国面积的1/3。如果按人们的习惯，把山地、丘陵，连同比较崎岖的高原统称为山区，那么中国山区面积约占全国总面积的2/3。平原面积仅占1/10多一点。

一般来说，山区地面崎岖，交通不便，不利于发展种植业。中国山区多，平原少，因而耕地资源不足。但是山区其他资源丰富，在发展林业、牧业、旅游业、采矿业等方面，往往具有优势。

3. 地势西高东低，呈三级阶梯状分布

中国地势由西向东，大致呈阶梯状分布。在中国地形图上，陆地可以分为三个阶梯。

（1）西南部的青藏高原，平均海拔4 000米以上，被称为"世界屋脊"。这是中国陆地地势的第一阶梯。青藏高原西北端的帕米尔高原延伸出许多高大的山脉，向东逐渐降低为低山、丘陵。略成弧形的喜马拉雅山构成了青藏高原的西南边沿，是世界上最高大雄伟的山脉，群峰耸立，白雪皑皑。其中珠穆朗玛峰海拔8 844.43米，为世界最高峰。

（2）青藏高原向北跨过昆仑山、祁连山，向东跨过横断山，地势迅速下降到海拔1 000~2 000米的高原和盆地，属于中国陆地地势的第二阶梯。在这一级阶梯上，主要有地面崎岖的云贵高原、沟谷纵横的黄土高原、起伏和缓的内蒙古高原及山清水秀的四川盆地、沙漠广布的塔里木盆地、草原宽广的准噶尔盆地等。新疆天山山地中的吐鲁番盆地海拔最低为 -155米，是中国陆地最低的地方，也是世界著名洼地之一。

（3）大兴安岭、太行山、巫山及云贵高原以东，是海拔在1 000米以下的丘陵和200米以下的平原，这是中国陆地地势的第三阶梯。在这一级阶梯上，自北至南分布着全国三大平原：东北平原、华北平原、长江中下游平原。

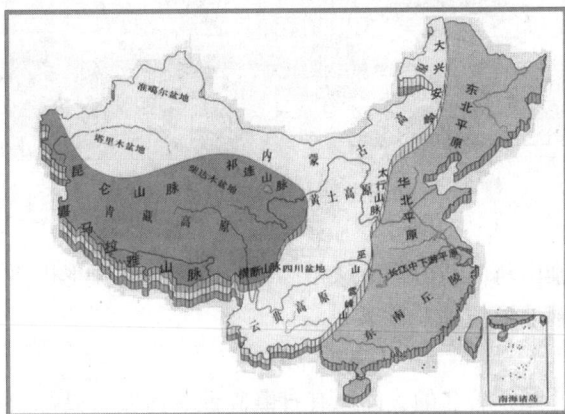

中国地势和主要地形区分布示意图

中国地势西高东低的分布状况，有利于夏季风将海洋上湿润气流送入内地，形成降水；决定了中国许多大河东流入海，既有利于沟通中国的海陆交通，又便于东西地区之间的经济联系；由于地势起伏大，河流的落差大，特别是许多大河在从高一级阶梯流入低一级阶梯的地段，水流湍急，产生巨大的水能。

（二）地形的分布

中国有许多高大而绵长的山脉，它们按照一定的方向有规律地分布着。其中，以东西走向和东北—西南走向山脉最多。不同走向的山脉，把地表分隔成若干个地形区。各地形区内分布着相对低下的地形，它们或是高原，或是盆地，或是平原。

1. 主要山脉

东西走向山脉主要有三列：北面的一列是天山—阴山；中间的一列是昆仑山—秦岭；南面的一列是南岭。

东北—西南走向山脉多分布在东部，主要有三列：西面一列是大兴安岭—太行山—巫山—雪峰山；中间一列是长白山脉—武夷山；东面一列是台湾山脉。

南北走向山脉主要有横断山脉、贺兰山等。

西北—东南走向山脉主要有祁连山、阿尔泰山等。

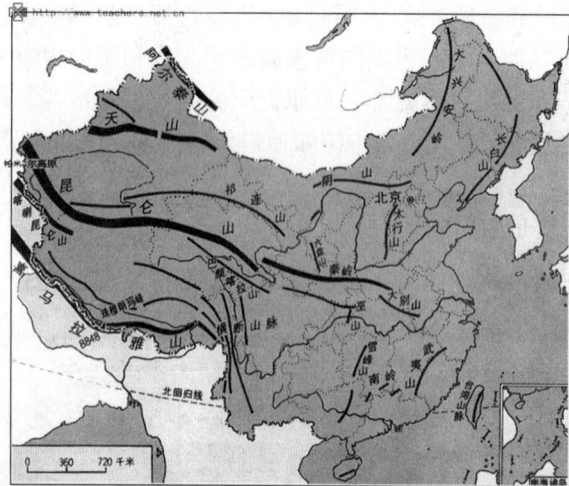

中国主要山脉分布示意图

此外，喜马拉雅山与横断山等山脉相接，构成巨大的弧形山系。这些山脉纵横交错的分布构成了中国地形的基本骨架。

2. 主要高原

中国高原面积广阔，著名的大高原有青藏高原、内蒙古高原、黄土高原和云贵高原。这四大高原各有特色。现列表从位置和地形特征两方面对四大高原进行比较。

	位　置	地形特征
青藏高原	位于西南部，主要包括青海省、西藏自治区全部和四川省西部	①地势高，高原平均海拔在4 000米以上，是世界上海拔最高的大高原 ②面积大，高原面积约占全国的四分之一 ③雪山连绵，冰川广布
内蒙古高原	位于北部，西起甘肃省，东到大兴安岭，包括内蒙古自治区大部分和甘肃、宁夏、河北等省、区的一部分	①地面坦荡，海拔高度一般在1 000米左右，大部分高原面是一望无际的原野 ②它是中国第二大高原
黄土高原	北起内蒙古高原南部，南到秦岭，西起祁连山脉的东端，东到太行山脉，包括山西省和陕西、甘肃、宁夏等省、区的一部分	①高原面上黄土层深厚，这里是世界上面积最广的黄土分布区 ②中国水土流失最严重的地区，自然生态环境十分脆弱
云贵高原	云南省东部和贵州省大部	①地势西高东低，平均海拔从2 000米下降到1 000米 ②小盆地多，山岭间散布着许多小盆地，是主要的农耕区 ③石灰岩被流水不断溶解，形成石林、峰林、溶洞等典型的喀斯特地形

3. 主要盆地

中国盆地很多，其中面积大的盆地有塔里木盆地、准噶尔盆地、柴达木盆地、四川盆地。

塔里木盆地、准噶尔盆地和柴达木盆地都位于西北部内陆，这三个盆地周围都有高山环绕，内部一般比较平坦，有大片沙漠。塔里木盆地是中国面积最大的盆地，盆地内部的塔克拉玛干沙漠，是中国面积最大的沙漠，也是世界最大的流动沙漠。柴达木盆地在青藏高原的东北部青海省境内，平均海拔在3 000米左右，是一个典型的内陆高原盆地，盆地内部大部分为戈壁、沙漠，东部多沼泽、盐湖。四川盆地位于四川省、重庆市境内，盆地内部低山、丘陵起伏，海拔在500米左右，盆地西北部的成都平原地势较为平坦。

4. 主要平原

中国东部地势低平，众多东流入海的江河所携带的泥沙在这里沉积，形成了一条依低山连海、纵贯南北的冲积平原带。这个平原带由北向南大致可分成东北平原、华北平原和长江中下游平原。它们互相连接，南北纵长，地势平坦，土壤肥沃，有利于耕作，是中国最重要的农耕区。

虽然这三大平原在成因上大致相同，但在形态特征上存在一些区别。

	位　置	地形特征
东北平原（包括三江平原、松嫩平原、辽河平原三部分）	在大兴安岭和长白山地之间，包括黑、吉、辽三省和内蒙古自治区的一部分	海拔多在 200 米以下，大部分地区地势低平，只有长春附近地势稍高
华北平原（包括海河平原和黄淮平原两部分）	西起太行山，东到海滨，北依燕山，南到淮河，跨冀、鲁、豫等省和京、津两市	海拔多在 50 米以下，地面平坦
长江中下游平原	北接华北平原，跨鄂、湘、赣、皖、苏、浙六省和上海市	海拔低于华北平原，地势低平，河湖密布，呈水乡景观

四、行政区划

中国现在的行政区，基本上划分为省（自治区、直辖市）、县（自治县）和乡（民族乡和镇）三级。自治区、自治州、自治县都是民族自治地方。自治州是介于省级与县级行政区之间的一级民族自治地方。省级行政区包括 23 个省，5 个自治区，4 个直辖市和香港、澳门 2 个特别行政区。

省级行政单位的名称、简称和行政中心

名　称	简　称	行政中心	名　称	简　称	行政中心
北京市	京	北京	湖南省	湘	长沙
天津市	津	天津	广东省	粤	广州
河北省	冀	石家庄	广西壮族自治区	桂	南宁
山西省	晋	太原	海南省	琼	海口
内蒙古自治区	内蒙古	呼和浩特	重庆市	渝	重庆
辽宁省	辽	沈阳	四川省	川或蜀	成都
吉林省	吉	长春	贵州省	贵或黔	贵阳
黑龙江省	黑	哈尔滨	云南省	滇或云	昆明
上海市	沪	上海	西藏自治区	藏	拉萨

（续上表）

名　称	简　称	行政中心	名　称	简　称	行政中心
江苏省	苏	南京	陕西省	陕或秦	西安
浙江省	浙	杭州	甘肃省	甘或陇	兰州
安徽省	皖	合肥	青海省	青	西宁
福建省	闽	福州	宁夏回族自治区	宁	银川
江西省	赣	南昌	新疆维吾尔自治区	新	乌鲁木齐
山东省	鲁	济南	香港特别行政区	港	香港
河南省	豫	郑州	澳门特别行政区	澳	澳门
湖北省	鄂	武汉	台湾省	台	台北

第二节　中国的人口

一、人口历史演变

中国是世界上人口最多的国家。2010 年 11 月 1 日零时为标准时点进行了第六次全国人口普查：中国总人口为 1 370 536 875 人，约占世界总人口的 19%。其中，香港特别行政区人口为7 097 600人，澳门特别行政区人口为 552 300 人，台湾地区人口为 23 162 123 人。

中国是一个历史悠久的国家，不同历史时期人口发展的情况不一样。1949 年以前人口发展缓慢，新中国成立后，随着政治、经济的巨大变化，中国人口发展状况也有很大变化，由于死亡率下降，出生率较高，因而导致了人口自然增长率长期较高。1973 年以前除个别年份外，人口自然增长率一直在22‰以上，1974 年以后开始下降，20 世纪 80 年代平均为 13.2‰。但每年净增人口仍在 1 100 万左右，2004 年中国出生人口 1 593 万人，出生率为 12.29‰；死亡人口 832 万人，死亡率为 6.42‰；全年净增人口 761 万人，全国平均每天净增 2.08 万人。如果按照目前的生育水平，预计中国将在 2033 年前后出现人口高峰，届时人口总量将达到 15 亿人左右。

新中国成立以来，中国内地平均每年出生 2 000 万人，1949 年中国有 5.4 亿人口，1995 年已达 12 亿，人口增长了 6.6 亿，约相当于两个美国的人口。从 1978 年至 2004 年的 26 年间，我国国内生产总值增长了 8.4 倍，而人口增长了 35%，所以实际人均 GDP 增加了 6 倍。如果不是严格地实行计划生育政策，我国人多地少的矛盾就会更加尖锐，粮食安全问题和某些资源短缺的情况也会更加突出。这充分说明，计划生育政策，是完全正确和非常有效的。

新中国成立60多年来，各方面都取得了显著的成就。中国人口的发展状况，也形成了一些自己的特点。这种状况和特点，不仅表现在人口数量的变动方面，而且也表现在人口的年龄构成、民族构成、地区分布、素质状况等方面。

二、人口分布

衡量一个国家、一个地区人口分布是否合理，人口密度是否适当，应当看在一定社会历史时期，一定的生产力条件下，自然资源和人口资源的结合和利用程度。人口密度是指某一地区在一定时期内每平方千米所居住的人口数量，它是衡量人口在地区之间分布差异性特征的主要指标之一。

中国人口地区分布极其不均衡，基本特点是东部地区人口密集，西部地区人口稀少。中国人口密度为每平方千米130人，是世界人口密度（每平方千米43人）的3倍多。东南部地区人口密集区，特别是沿海各省的平原地区，每平方千米达500人至600人；中部地区每平方千米为200多人；而西部高原地区人口稀少，每平方千米不足10人。目前，全国仍有部分地区没有常住居民。

如果从黑龙江的黑河市至云南省边境的瑞丽县城划一条直线，这条线是中国人口分布地区差异的分界线。这条线的东南一侧，包括台湾省在内，面积约占全国总面积的43%，人口却占全国总人口的94.3%以上；西北一侧面积约占全国总面积的57%，人口只占全国总人口的5.7%。

中国人口分布的现状，一方面反映了中国东南部地区和西北部地区社会经济发展水平存在着较大差距；另一方面与中国尚待开发的自然资源分布是不协调的。中西部地区，特别是西部地区有大量尚未开发的矿产、能源、宜农宜林荒地和草原等自然资源。中国要在21世纪中叶达到中等发达国家的水平，开发中西部地区具有重大的战略意义。

人口城镇化水平逐步提高，农村人口仍占多数。中国一直是一个以农业经济为主的国家，绝大多数人口分布在农村，从事农业生产劳动。1949年，中国农村人口约占全国人口的90%，城镇人口只占10%。新中国成立以来，由于工业、商业、交通运输业、旅游业和农村乡镇企业的发展，城镇人口快速增长，1997年全国城镇人口约占全国总人口的30%，农村人口占70%。2004年全国12.9亿人口中，仍有75 705万人居住在农村，占总人口的58.2%。2010年中国居住在城镇的人口为66 557万人，占总人口的49.68%，居住在农村的人口为67 415万人，占50.32%。同2000年相比，城镇人口比重上升了13.46个百分点。

三、人口政策

人是生产者，也是消费者。但是，由于中国人口基数大，增长速度快，为满足新增人口每年所需的资源数量都很大。中国所拥有的各种自然资源的总量，很多都居世界前列；但是按人口平均计算，每人占有的数量就不多了，在世界各国的名次中，也就排在后面了。全国人民每年所创造的财富，其中，较大部分消耗于每年新增加人口的需要。这样，用于扩大生产和改善全体人民生活的财富就减少了。

人口增长过快的主要原因是：新中国成立后，经济文化快速发展，医疗卫生条件逐步改善，生活水平不断提高，人口的平均寿命，从1949年以前的35岁延长至1995年的69岁，婴儿死亡率由200‰降低到32‰，从而使人口死亡率大幅度下降；20世纪70年代，中国实行计划生育政策之前，人口出生率长期保持很高的水平，因此形成了较高的人口自然增长率和庞大的人口总量。

中国的人口政策，概括起来，就是：实行计划生育，严格控制人口增长，提高人口素质，把人口发展纳入国家计划的轨道，使之与经济、社会发展计划相适应。

控制人口数量，提高人口素质，是中国现阶段人口政策的两项基本内容。当前主要是控制人口数量，具体地说：在全国提倡晚婚晚育，少生优生；提倡一对夫妇只生育一个孩子。

晚婚晚育，就是在法定结婚年龄之上适当推迟实际结婚年龄。中国《婚姻法》规定，"结婚年龄，男不得早于22周岁，女不得早于20周岁"。提倡和鼓励男女青年在达到最低结婚年龄后推迟两三年结婚，有利于拉长两代人的年龄间隔，延长生育周期，缓和人口的压力。晚育就是适当地推迟妇女婚后的初育年龄和拉长生第二胎的间隔年限。提倡男女青年适当晚婚晚育，对于减少人口增长具有重要意义。青年妇女如果20岁开始生育，100年就要生五代人，如果25岁开始生育，100年只生四代人，这就可以减少一代人口。

少生就是让妇女从过去的多生多育降为少生少育。国家机关工作人员和职工、城镇居民除特殊情况外，一对夫妇只生育一个孩子；农村某些群众确有实际困难，包括独女户，要求生第二胎的，经过批准，间隔几年后可以生第二胎；不论哪一种情况，都不能生第三胎。少数民族也要提倡计划生育，具体政策由民族自治地区和有关省、自治区根据当地实际情况决定，一般是在农牧民中提倡一对夫妇生育两个孩子。

提倡一对夫妇只生育一个孩子，是中国在特定的历史条件下为了缓解严峻的人口形势而作出的必要抉择，使中国人口增长速度，人民群众的婚姻、生育、家庭观念发生了可喜的变化。随着改革开放和社会经济的发展，特别是经过计划生育政策的宣传实践，越来越多的人逐步认识到生育子女数量的多少、质量的优劣，不仅关系到家庭的利益和幸福，而且关系到国家的富强和社会稳定。传统的"早婚早育"、"多子多福"、"重男轻女"等观念正在为越来越多的青年所摒弃，晚婚晚育、少生优生、男孩女孩都一样，建立幸福、美满、和谐的小家庭，追求现代、科学、文明的生活方式，已经成为时代潮流。

优生就是生育身体健康、智力发达的后代。除了在法律规定不允许近亲结婚和有遗传性疾病的人结婚外，不少地方还设立优生咨询机构，加强优生指导。

第三节 中国的民族

一、中华民族的形成与发展

中国是一个统一的多民族国家，中华民族由汉族与55个少数民族组成。它是中国古今各民族的总称。这是众多民族经过长期发展而逐渐形成的、以统一的国家作为基础的多民族集合体。各民族保持着自己的历史与文化，但它们长期共处于统一的国家之中，是一个内在联系的、不可分割的整体。

在中国版图上的汉民族和其他少数民族世代相处、混杂和融合，使得各民族间我中有你，你中有我。当汉族人民在中原地带开发黄河、长江流域的时候，各少数民族在中国辽阔的其他地区，也开始了艰苦的开拓。满、达斡尔、朝鲜、鄂温克、鄂伦春等民族的祖先，很早就分别生活在东北地区的黑龙江、乌苏里江、松花江、辽河流域，以及大小兴安岭、长白山等原始森林中，为把东北地区开发成绿色的宝库和粮仓，作出了卓越的贡献；在北部蒙古大草原，蒙古族等民族的先民，很早就在这里过着游牧生活，从事畜牧生产，开发出这块水草肥美的大牧场；在西北新疆一带，几千年前，维吾尔、哈萨克、柯尔克孜、塔吉克等十多个民族的祖先，就在这个历史上被称作"西域"的地方，过着农耕和游牧生活，在干旱的戈壁滩上，开垦出一片片绿洲；在西南地区，苗、壮、彝、布依、傣、白、哈尼、景颇族等20多个民族，很早就生活在云贵高原和四川大、小凉山等地区，为开发大西南建立了功勋；珠江流域，东南沿海地区，分别是由壮族、土家族、侗族、瑶族、畲族等民族与汉族先民共同开发出来的；海南岛最早开发者是黎族先民；台湾岛的高山族是当地先民，后来大陆沿海的汉族先民相继渡海登岛，同高山族先民一道开发了美丽的宝岛；青藏高原号称"世界屋脊"，藏族、门巴族、珞巴族、撒拉族、土族等各民族先民，很早就在那里劳动生息，从事农耕和放牧，共同开发了青藏高原。

中华民族形成和发展的历史充分说明，中国作为世界上一个文明古国，是由中国境内的各个民族共同缔造的。1840年鸦片战争以后，中华民族的发展史揭开了新的一页，被侵略和被奴役的共同命运，使中国各族人民一同起来反抗资本主义列强的残酷掠夺和瓜分，粉碎了外部侵略势力企图灭亡中国、灭亡中华民族的梦想，维系并强化了中华民族大家庭的团结和统一。

二、民族分布特点

中国是一个由 56 个民族组成的统一的多民族的国家。在全国各民族中，汉族人口最多，2005 年国家统计局公布了全国 1% 人口抽样调查结果显示，到 2005 年 11 月 1 日零时为止，全国 31 个省、自治区、直辖市，不含港澳台地区，汉族人口占总人口的 90.56%，各少数民族人口占总人口的 9.44%。与 2000 年第五次全国人口普查相比，汉族人口增加了 2 355 万人，增长了 2.03%；各少数民族人口总计增加了 1 690 万人，增长了 15.88%。中国少数民族中人口最多的是壮族，有 1 500 多万人。人口在 400 万以上的除壮族外，还有蒙古族、回族、藏族、维吾尔族、苗族、满族、彝族、土家族，人口在 1 万以下的有门巴族、鄂伦春族、独龙族、塔塔尔族、赫哲族、高山族、珞巴族等 7 个民族。

中国各民族的地区分布状况：汉族分布遍及全国，主要集中在东部和中部；在边疆地区，汉族多与各少数民族杂居在一起。各少数民族主要分布在西南、西北和东北等边疆地区。从人口普查资料来看，中国几乎没有一个县或市居民是单一民族的。例如上海市虽以汉族为主，但是也有 37 个少数民族的居民。

中国少数民族人口分布的特点，既有历史原因，同时又受地理环境、自然条件制约，也随着社会经济、文化的发展而不断变化。长期以来，各个少数民族都有集中居住的地区和区域，拥有他们各自的民族特点和风俗习惯、生活方式。而民族的迁徙和相互交流又形成了以汉族为主体的大杂居、小聚居、交错杂居的民族聚居状况。

三、民族政策

中国是一个多民族的和睦的大家庭。各民族不论大小，一律平等，国家保障各少数民族的合法权利和利益，维护和发展各民族的平等、团结、互助关系。国家根据各少数民族的特点和需要，帮助各少数民族地区加速经济和文化的发展。在各少数民族聚居的地方实行民族区域自治，设立自治机关，行使自治权。例如建立自治区、自治州、自治县、民族乡等。

国家尊重各民族的风俗习惯。我国宪法规定：各民族都有保持或者改革自己的风俗习惯的自由；中华人民共和国公民有宗教信仰自由；国家保护正常的宗教活动。

国家保护各民族的语言文字。各民族都有使用和发展自己的语言文字的自由。汉语和汉字是中国普遍使用的语言文字，但是由于历史、地理上的原因，汉语中也存在着多种方言，例如吴语、粤语、闽语等。新中国成立以来，国家确定以普通话作为现代汉民族的共同语言。现在，汉语普通话已在全国迅速推广，普遍应用。

各少数民族几乎都有自己的语言，其中只有 21 个民族有自己的文字。除回族、满族、畲族通用汉语外，蒙古族、藏族、壮族等 11 个民族，都有本民族的文字，同时也使用汉字。彝族、苗族、纳西族等 7 个民族，虽有自己的文字，但极少使用。其余 34 个民族，没有自己的文字，只有本民族的语言。中国政府对少数民族的语言文字，一贯采取尊重的态度。各少数民族在日常生活、生产劳动、通讯联系、学习、出版以及社会交往中，可以自由使用本民族的语言文字。这样，有利于推动民族地区各项事业的发展。

民族区域自治政策。所谓民族区域自治，就是在国家的统一指导下，以少数民族的聚居地区为基础，设置地方自治政府，让少数民族自己管理本民族内部的地方性事务。民族区域自治的实施，包含以下几方面的具体内容：

第一，各民族自治区域的自治机关，以实行民族自治的少数民族的人员为主构成，当地其他民族有适当人数的代表。

第二，自治机关使用在当地少数民族中通用的一种或数种语言、文字，作为行使职权的工具。

第三，自治机关行使职权时，充分考虑民族的特点与风俗习惯。

第四，自治机关根据本地区民族的特点，制定自治条例和某一方面的法律、规定。

第五，自治机关在行使本民族自治区的财权时，享有比其他同级政府更大的权力。

中国少数民族主要分布地区

民族名称	主要分布地区	民族名称	主要分布地区
蒙古族	内蒙古、辽宁、新疆、吉林、黑龙江、青海	毛南族	广西
回族	宁夏、甘肃、河南、新疆、青海、云南、河北、辽宁、北京、内蒙古、天津、陕西	仡佬族	贵州、广西
藏族	西藏、四川、青海、甘肃、云南	锡伯族	新疆、辽宁
维吾尔族	新疆、湖南	阿昌族	云南
苗族	贵州、云南、湖南、广西、四川	普米族	云南
彝族	四川、云南	塔吉克族	新疆
壮族	广西、云南	怒族	云南
布依族	贵州	乌孜别克族	新疆
朝鲜族	吉林、黑龙江、辽宁	俄罗斯族	新疆

（续上表）

民族名称	主要分布地区	民族名称	主要分布地区
满族	辽宁、黑龙江、吉林、河北、北京	鄂温克族	内蒙古、黑龙江
侗族	贵州、湖南、广西	德昂族	云南
瑶族	湖南、广西	保安族	甘肃
白族	云南、湖南	裕固族	甘肃
土家族	湖南、湖北	京族	广西
哈尼族	云南	塔塔尔族	新疆
哈萨克族	新疆、甘肃、青海	独龙族	云南
傣族	云南	鄂伦春族	内蒙古、黑龙江
黎族	海南	赫哲族	黑龙江
傈僳族	云南、四川	高山族	台湾、福建
佤族	云南	拉祜族	云南
畲族	福建、浙江	水族	贵州、广西
柯尔克孜族	新疆	东乡族	甘肃、新疆
土族	青海、甘肃	纳西族	云南、四川
达斡尔族	内蒙古、黑龙江、新疆	景颇族	云南
仫佬族	广西	门巴族	西藏
羌族	四川	珞巴族	西藏
布朗族	云南	基诺族	云南
撒拉族	青海、甘肃		

第四节　自然资源的开发利用

一、自然资源及其分类

　　自然资源是指人类可以直接从自然界获得，并用于生产和生活的物质和能量，它是自然环境的重要组成部分。自然资源主要包括土地资源、水资源、气候资源、生物资源和矿产资源。

自然资源按其性质可以分为两类：

（1）非可再生资源。主要是各种矿产资源，它们需要经过漫长的地质年代和具备一定的条件才能形成，对于短暂的人类历史来说，可以认为是不可再生的。

（2）可再生资源。主要是各种生物资源，它们能够不断地更新生长和繁殖。还有些资源，如水资源、土地资源和气候资源，只要利用合理，保护得当，它们是能够循环再现和不断更新的，所以也属于可再生资源。

二、自然资源概况

中国960万平方千米的辽阔土地和300多万平方千米的浩瀚领海，蕴藏着丰富的自然资源。从自然资源的总量来看，目前，中国是世界上一个资源大国，土地面积仅次于俄罗斯和加拿大，居世界第三位；已探明的矿产资源储量总值居世界第三位；耕地总面积居世界第四位；河流年径流量居世界第六位；森林总面积居世界第六位。中国许多自然资源不仅数量大，居世界各国前列，而且品种多。仅矿产资源就已发现了160多种，是世界上矿种比较齐全的少数国家之一。

从人均资源占有量来看，目前，中国人均土地占有量相当于世界人均值的1/3；人均矿产资源储量总值相当于世界人均值的3/5；人均耕地占有量相当于世界人均值的1/3；人均河流年径流量相当于世界人均值的1/4；人均森林占有量相当于世界人均值的1/5。

以上事实说明，中国自然资源的总量是丰富的，但因中国人口众多，人均占有的自然资源量很少，这是中国自然资源国情的基本特征。中国自然资源是有限的，而人口却在继续增长，人均资源占有量势必相应减少。由于利用不当和管理不善，很多资源受到不同程度的破坏和浪费，这样就更加重了中国资源形势的严峻性。

为了叙述的方便，下面从资源类别的角度，简要介绍中国主要自然资源的基本情况。

三、土地资源

土地是指陆地的表层部分，是人类生活和从事生产建设的必需场所。它由岩石、岩石的风化物和土壤所构成。中国土地资源的基本特点是：

（1）土地资源丰富，类型多样。中国土地资源有9.6亿公顷，由于地质、地形和水热等条件的综合差异，不同地区土地利用方式存在明显差异性，使中国的土地资源类型多样化，耕地、林地、草场、荒漠、滩涂等都有大面积的分布。

（2）山地多，平地少，耕地比重小。中国是一个多山的国家，据估计，山区（包括山地、丘陵和比较崎岖的高原）面积约有 633.7 万平方千米，占国土总面积的 66%。中国的山地不仅多，而且平均高度高，海拔 1 000 米以上的山地、高原占全国土地面积约 65%，其中海拔 3 000 米以上的高山、高原占国土总面积的 25%，限制了土地资源的利用。山地多，平地少，尤其是平原更少，就使中国的耕地比重较小，只有 10% 左右，而世界上不少国家都占 30% 以上。

（3）农业用地绝对数量较多，相对数量较少。据估计，中国现有耕地、天然草场、森林总面积均居世界前列，但人均数量较少。现在，中国人均耕地约有 0.1 公顷，与世界人均占有耕地 0.37 公顷亩数量相比，相差 3/4 还多。所以中国是人均耕地很少的国家，在世界上人口超过 5 000 万的国家中，中国人均耕地占有量列居倒数第三位。

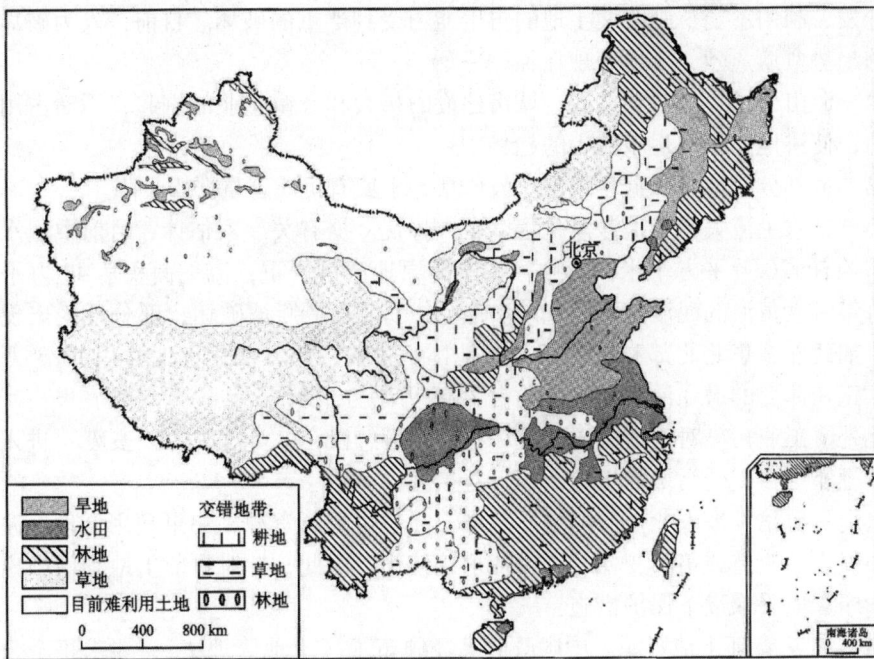

中国土地资源利用示意图

（4）各类土地资源分布不均，土地生产力地区差异显著。中国耕地主要集中在东部季风区的平原和盆地中，东部农业产区占全国土地总面积不到一半，却集中了全国 90% 左右的耕地；西北部干旱地区和青藏高原占全国土地总面积一半多，而耕地仅为全国的 7%。草原多分布在西北内陆非季风区的高原、山地。森林集中分布在东北、西南的边远山区。这种分布不均的现状，使中国各地区土地生产力的差异较明显。就是同在季风区，南方与北方的土地生产力差别也很大。东北地区的平原面积大，森林集中，土壤自然肥力高，降水条件好，但气温低，热量不足，农作物生长期短；华北地区平原广阔，气候温暖，可耕地面积大，但森林少，降雨偏少，旱涝、盐碱等自然条件不利；南部地区水力和生物资源充足，但山地丘陵多，人均耕地不足，且易遭洪涝危害。同在西北内陆地区，既有荒瘠的沙漠，也有冰雪融水灌溉的山麓地带，分布有自然生产力较高的耕地。青藏高原山地海拔较高，土地生产力的垂直差异非常显著。

（5）中国耕地后备资源储量少。中国历史悠久，人口众多，一般易开发的土地基本上早就被开发利用了，目前，中国可供进一步开发的大片宜农荒地约有 3 500 多万公顷，占全国土地面积 3.5%，其中可开垦成农田的面积仅 2 000 多万公顷。这些土地资源大多分布于偏远山区，不易开垦。这说明，中国耕地后备资源是很少的，不利于国土资源的开发利用。

（6）土地资源破坏严重。土地资源虽然是一种可以更新的自然资源，但如果人们过度开发、利用不当，则会使土地的再生能力受到严重的破坏。目前，人为破坏土地资源的趋势愈演愈烈，主要表现在：

第一，由于城乡经济的发展，城市建设的扩大和乡镇企业的崛起，不断占用现有的耕地，使耕地面积呈逐年减少的趋势。

第二，部分耕地土质退化现象比较严重，土壤有机质含量严重下降。

第三，水土流失和土地沙漠化程度令人担忧。据有关专家估计，目前中国水土流失面积约有 120 万平方千米，其中，黄土高原地区最严重，流失面积达 43 万平方千米，每年带入黄河的泥沙量高达 16 亿吨。由于生态平衡被破坏，部分地区出现沙化现象，如西北、华北北部和东北西部等地区。目前，约有沙化土地面积 17.3 万平方千米，正在演变的潜在沙漠化土地约有 15.8 万平方千米。

此外，工业污染对土地资源的破坏更加不可忽视，工业投放的"三废"进入土壤的数量逐年增多，受污染的土地面积日益扩大。

土地资源是发展农业生产的物质基础。它是可更新资源，如果利用合理，注意保护，加强人工改造或培养，便可以实现永续使用。因此，针对目前土地利用中出现的问题，今后应采取以下保护措施：

（1）依法管理土地资源。中国政府已经颁布了《土地管理法》，要求每个公民必须遵守国家的法令，违反者要追究责任，受到处罚。

（2）土地资源的"开源"与"节流"。在开源方面，全国尚有一些可供开垦荒地可以辟为耕地，如目前东北地区的三江平原、南方的海南省；全国还有很多宜林的荒地、荒山，可以植树造林。在节流方面，要严格控制工业、交通、城镇建设和生活用地。在农村建设时，可将居民住宅移到荒坡，或是平房改建成楼房，这样就能腾出不少耕地。

（3）加强土地资源的建设和保护。目前，在风沙侵袭、水土流失严重的地区，营造护田林、防风林、水源林等多种防护林，能有效地减少自然灾害，提高农牧业的产量，保护有限的土地资源。

四、水资源

水资源主要是指陆地上的淡水资源。陆地上的淡水资源储量只占地球上水体总量的2.53%。目前，人类比较容易利用的淡水资源，主要是河流水、淡水湖泊水以及浅层地下水，储量约占全球淡水总储量的0.3%，只占全球总储水量的7/100 000。世界上水资源分布具有明显的地区差异，这是降水空间分布不均匀造成的。反映一个地区或一个国家水资源的丰歉程度，通常以多年平均径流总量为主要指标。

中国江河年径流量约有27 000亿立方米，居世界第六位。若按人口平均，每人占有量2 100立方米，仅为世界人均占有量的1/4，只及美国的1/5，加拿大的1/50。可见，水资源比许多国家少，并不富裕。我国水资源空间和时间分配都不均匀，南方多北方少，东部多西部少；夏秋两季多，冬春两季少，各年际之间的变化率也很大。

中国水资源的另一突出特点是地区和季节变化很大，水旱灾害频繁。南部地区最大年降水量一般是最小年降水量的2～4倍，北部地区一般为3～6倍。中国多数地区雨季长达4个月左右，北方地区仅有2～3个月，南方地区则高达6个月。降水量和径流量之间的差别，年内高度集中的特点，是水旱灾害频繁发生的根本原因。因此，治理江河、抗旱、防涝始终是中国人民的一项艰巨任务。

中国水资源的分布情况与耕地的地区分布不一致。水、土资源配合欠佳的状况，进一步加剧了中国北方地区缺水的局面。例如，中国小麦、棉花的集中产区——华北平原，耕地面积约占全国的40%，而水资源只占全国的6%左右。华北地区的山西省作为中国能源工业基地，十年九旱，煤多水少，人口密集、工业集中的太原市、大同市等地，缺水更为严重，有些工矿企业由于缺水不能正常生产，甚至被迫停产。河北省是华北平原重要粮食产区之一，因为缺水，粮食大幅度增产受到限制。北京市缺水情况也日益严重，主要的供水源地密云水库、官厅水库的蓄水量均在减少，地下水的开采也越来越深。

中国水资源不仅空间分布不均，而且时间变化也很大。外流河多分布在东部季风区内。夏季降水丰沛，河水暴涨，河道和有限的水库容纳不了过多的雨水，大量宝贵的淡水资源直接东流入海；冬春季降水少，河流的水位下降，北方有些河流这时甚至干涸见底，淡水的供应严重不足。

目前，解决水资源不足的主要途径有：

（1）解决水资源空间分布不均的途径——跨流域调水工程。为了缓解华北地区缺水的问题，目前，已经建成或正在兴建许多大型的跨流域水利工程有"引滦入津"、"引滦入唐"、"引黄济青"、"南水北调"等工程。

"南水北调"工程是继长江三峡水利枢纽工程之后又一项实施水资源优化配置的

宏伟工程。工程总体规划通过东线、中线和西线三条调水线路与长江、黄河、淮河和海河四大江河的联系，构成以"四横三纵"为主体的总体布局，以利于实施全国水资源南北调配、东西互济的合理配置格局。工程将经鄂、豫、冀、苏、鲁、津、京7省市，调水距离1 000多千米。东线从长江江苏扬州段调水，经过江苏、山东到达河北、天津；中线从湖北丹江口水库调水经河南、河北到北京、天津；西线规划从长江上游调水到黄河上游，供应西北和华北。东线引水工程已于2002年12月27日动工，是迄今为止世界上最庞大的水利工程。

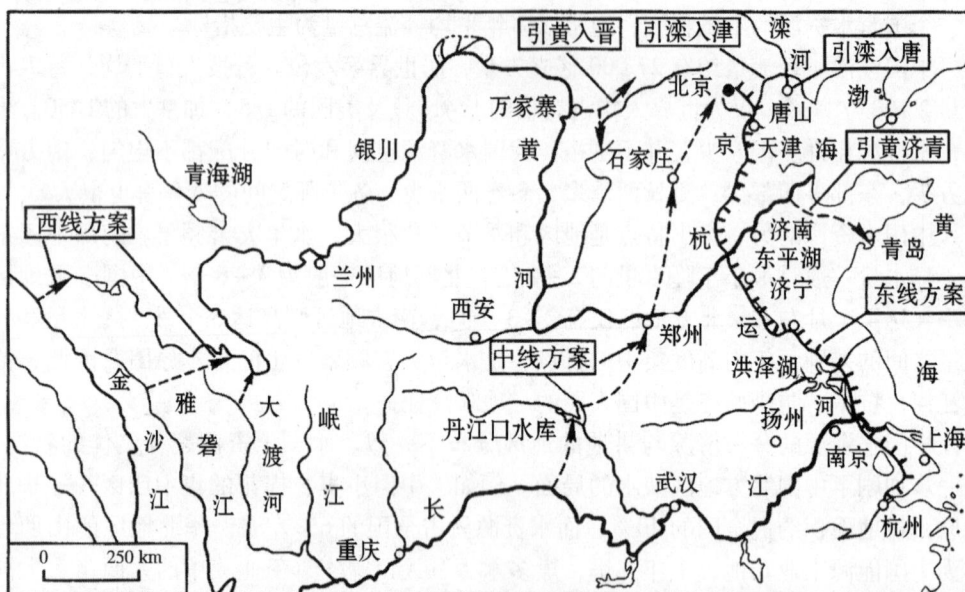

南水北调线路示意图

（2）解决水资源时间分配不均的途径——兴修水库。水库的作用之一是在河流洪水期蓄水，河流枯水期放水，从而调节河流水量的季节变化。新中国成立以来，先后修建了大中小水库8万多座，总库容达4 600亿立方米。

（3）节约用水，防治水污染。中国水资源一方面相当紧张，另一方面人为污染程度相当严重，如果我们在工农业生产和日常生活中注意节约用水，就能为国家节约大量宝贵的水资源。

五、矿产资源

中国是世界上矿种比较齐全，矿产资源基本配套的少数国家之一。目前，世界已知的 160 多种矿产资源在中国均已找到，已探明一定储量的约有 150 种，探明有储量的矿区 1 万多处。有色金属钨、锡、锑、钳等的探明储量占世界第一位；锌、钒、铁、稀土资源储量也居世界首位；汞的储量居世界第二位；铁、锰、铜、铅、铝、镍、金、银、硫、磷、石棉等探明储量在世界上都居前列。

中国的矿种虽然很多，储量也很大，但人均占有量并不多，主要矿产资源的保有储量，如果按人口平均计算，还不到世界平均水平的一半。在矿产资源中，能源矿产是中国的优势。全国预测煤炭资源总量可达 45 000 亿吨，居世界第三位。煤炭资源不仅蕴藏量大，而且煤种齐全、分布广泛，有近 1 000 亿吨适合露天开采。

（一）矿产资源的特点

1. 某些重要矿产资源贫矿多富矿少

例如，中国铁矿储量居于世界前列，但多为含铁 30% 左右的贫矿，每年国家需进口大量的富铁矿石，以满足国内钢铁企业的需求。此外，还有一些矿种短缺，如金刚石、铬铁矿、铂矿等。

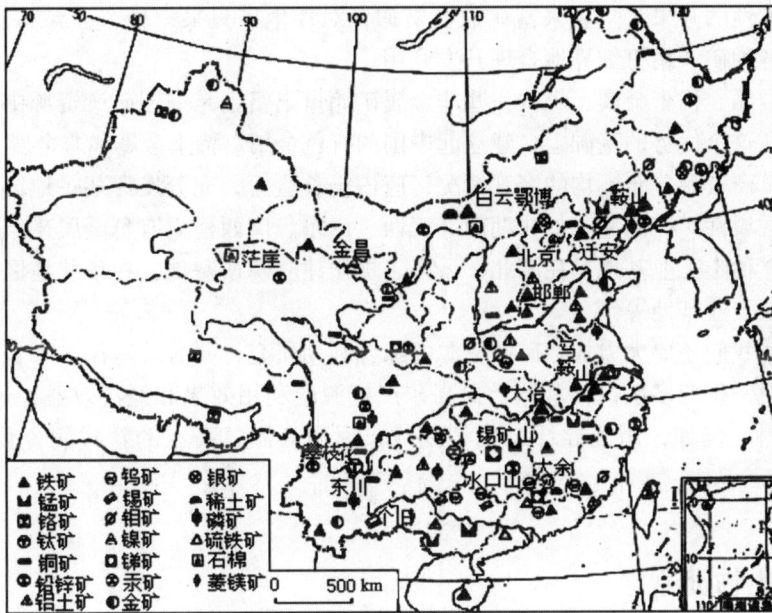

中国矿产资源分布示意图

2. 伴生矿多，分选冶炼困难

例如，我国钒储量居世界第一，但 90% 以上都伴生于其他矿种中，矿石含有多种元素，给分选冶炼带来了困难。如攀枝花铁矿（钒、钛、镍等伴生）、白云鄂博铁矿（铁、稀土、铌伴生）、金昌市的金川镍矿（镍、铜等伴生）等都是著名的多金属伴生矿。

3. 矿产资源地区分布不均

例如，铁矿主要分布于辽宁省、河北省东部和四川省西部，而西北各省很少，其中，河北、辽宁、四川三省储量占全国总量的 50% 以上。煤矿主要分布在华北、西北、东北和西南地区，其中，山西省是中国煤矿最丰富、最集中的省，素有中国"煤海"之称；东南沿海各省则很少。石油主要分布在东北、华北、西北，广大南方地区较少，全国已发现的一系列大油田相对集中在松辽盆地和渤海盆地，这里不仅储量大，而且靠近消费地，开采运输都较便利。西部准噶尔、吐鲁番、柴达木盆地也发现许多油气田，并相继成为新的采油气中心，塔里木盆地最近也发现了大型油气田，大大增加了西北地区的石油储量。中国近海的大陆架海底，蕴藏着丰富的油气资源。

这种资源分布不均的状况，虽有集中分布、便于大规模开采的优点，但也给运输带来了很大压力，如北煤南运、南磷北运等。这就需要大力加强铁路和水运建设，使分布不均的资源能在全国范围内有效地调配使用。

（二）合理开发与利用

由于矿产资源是不可再生资源，这就要求我们对于矿产资源要特别注意保护，坚决制止破坏性的开采，防止采富矿放弃贫矿，对伴生矿只采一种、丢弃其他等现象，同时要对各种矿产精打细算地合理开发利用。

有色金属、稀土金属、煤和一些非金属矿储量丰富，是中国矿产资源中的特色和优势，应在这个优势的基础上，建立起中国的有色金属、稀土金属和非金属工业。

根据矿产资源分布不均的客观情况，应该扬长避短，充分发挥某一地区的资源优势，建设区域性矿产基地。如在湖南、江西、广东、广西建立有色金属矿产基地；在内蒙古建立稀土工业基地，在湖北、云南、贵州建立磷矿基地，在华北地区可适当建立大型钢铁工业基地等。

此外，我们还要大力加强矿产资源的综合利用研究，要有效地保护和合理使用矿产资源，使一矿变多矿，从总体上提高矿产资源的利用效果和经济效益，还要研究、利用新材料。例如，用光导纤维代替铜线，用耐高温、高压的新式陶瓷代替钢材，等等。

六、生物资源

森林和草原是生物资源中重要的代表。森林是重要的自然资源之一，又是一种环境资源，具有净化环境、保护水土、优化环境等生态效益。目前，世界森林面积只有28 亿公顷，森林覆盖率为 22%，而且森林地区分布很不平衡。森林面积正在日益减少，尤其是热带原始森林正在遭到毁灭性的破坏。保护森林资源，防止生态平衡失调，已成为当今世界人们共同关心的问题之一。

（一）森林资源的特点

1. 宜林地区广，森林树种丰富

中国地域辽阔，地形多种多样，山区面积占全国总面积的2/3，领土跨寒温带至热带，具有发展森林的优越自然条件。据估计，宜林地面积约占全国土地面积1/4以上。树种丰富多样，乔木约有2 800种，还有不少价值较高的经济林木。

2. 森林覆盖率低，木材蓄积量少

中国历史上原是多林的国家，后来由于毁林开荒、战争破坏等原因，森林逐渐减少，1949年以前，全国森林覆盖率仅8.6%，根据第六次全国森林资源清查（1999—2003年）结果显示，全国森林面积1.75亿公顷，森林覆盖率为18.21%。活林木总蓄积量136.2亿立方米。森林蓄积量为124.6亿立方米。中国仍然是世界上森林覆盖率低的国家之一。

3. 森林资源地区分布不均

中国的森林资源主要分布在以下三个地区：①东北林区，即东北地区的大小兴安岭和长白山地。这是中国最大的天然林区，集中了全国林木蓄积量的1/3以上。②西南林区，即西南的横断山地区、雅鲁藏布江大拐弯地区和喜马拉雅山南坡，也是重要的天然林区，林木蓄积量占全国1/4以上。③东南林区，即东南部台湾、福建、江西等省，山区森林也不少，但人工林和次生林所占比重较大。其余广大的西北、华北和中原地区森林资源极少，西北一些省区森林覆盖率不及1%。中国的森林主要分布在交通不便的山区和边疆地区，不利于森林资源的开发、利用与管理。

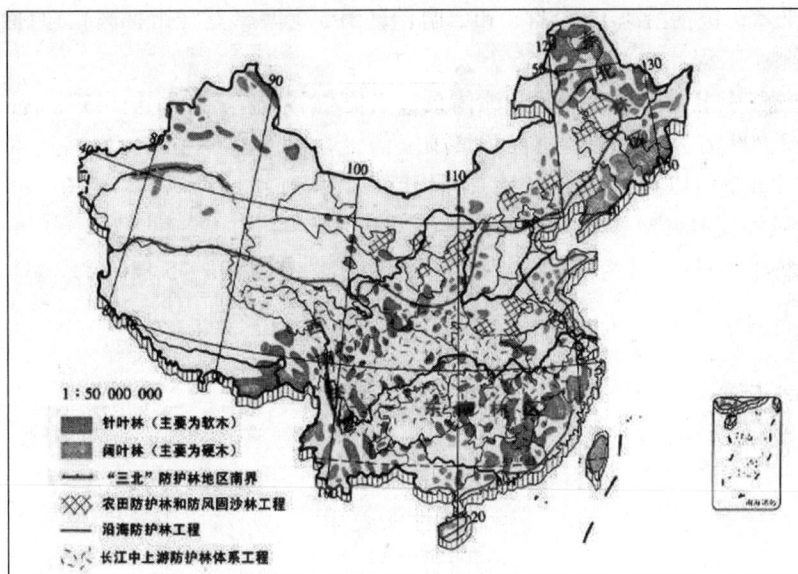

中国森林资源分布示意图

4. 森林资源破坏严重

1949 年以后，中国植树造林取得了很大的成绩。据统计，80 年代末期，中国人工林面积已达 3 000 多万公顷，居世界第一位。但是，由于全国人口众多，木材和农村烧柴的需求量不断增加，使森林资源仍继续遭到破坏。在林业工作方面：一方面采伐多，更新少；造林多，存活少。另一方面，乱砍滥伐、毁林开荒的现象严重；森林火灾也不时发生。

（二）保护森林，绿化国土

经验证明，一个国家的森林覆盖率达到 30% 以上，而且分布比较均衡，就不仅能生产出大量的木材，还可以起到防御自然灾害、保障农业稳定生产的作用。中国在保护森林、绿化国土方面主要做了以下三个方面的工作。

1. 颁布森林法

一方面强调保护和经营管理好现有的森林资源，坚决制止乱砍滥伐、毁林开荒的现象；另一方面大力倡导植树造林，提出要把森林覆盖率提高到 30% 的奋斗目标。

2. 确定造林重点

中国确立了三个重点建设的防护林体系。

一是建设"三北"防护林体系。该体系西至新疆的乌孜别克山口，东至黑龙江省的宾县，包括西北、华北、东北 13 个省、市、自治区的 512 个县，全长 7 000 多千米，宽 400 ~ 1 700 多千米，面积约占中国国土总面积的 41%，建成后，"三北"地区的森林覆盖率可提高到 7.7%。

二是沿海防护林体系。该体系北起鸭绿江口，南至北仑河口，大陆海岸线长 18 000 多千米，包括沿海 11 个省、市、自治区 195 个海岸县（市、区），总面积 2 510 万公顷。整个工程计划总造林 355 万公顷。

三是长江中上游防护林体系。该体系包括长江中上游 9 省 1 市 145 个县，预计 30 年内造林 2 000 万公顷，使森林面积增加一倍，森林覆盖率由 20% 提高到 40% 左右，每年土壤侵蚀量可以减少 40% 以上。

3. 开展全民性的义务植树运动

规定每年 3 月 12 日为植树节，每个公民每年义务植树 3 ~ 5 棵。

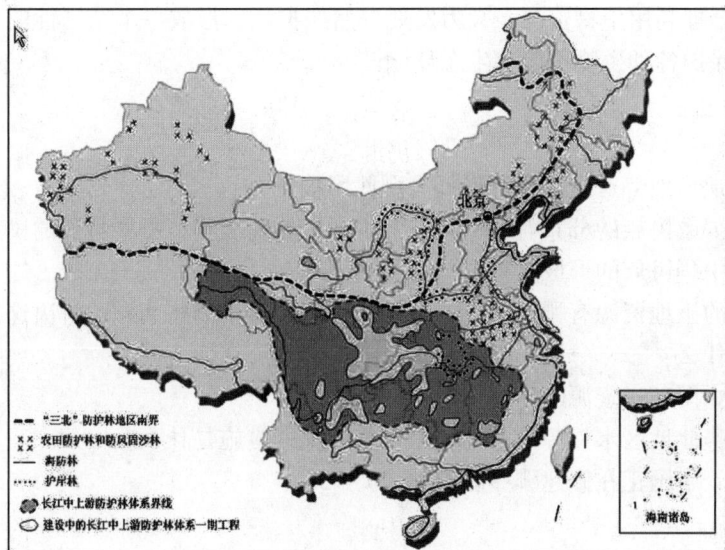

中国防护林带分布示意图

（三）草场资源

草场资源是发展畜牧业的物质基础，同时又为人类提供大量的野生动植物资源。

中国草场资源丰富，以大兴安岭—阴山—吕梁山—横断山为界，该线的西北侧分布着大面积的天然草场，东南侧天然草场较少。目前，全国草地面积约为 3 亿公顷，人均天然草地约为 0.26 公顷。长期以来，由于我国牧区生产方式落后，靠天养畜，对草场利用多，建设少，因而使天然草场的单位面积产草量逐年下降，草原退化面积不断扩大。草场的沙化和碱化面积也在增加，使草场载畜量越来越少，一些地区载畜量已达到饱和状态，因此，必须采取有效措施，保护天然草场，加快草原建设。

保护草场资源措施：一方面是要合理利用天然草场，规定合理的载畜量，实行划区管理、定期轮牧和轮流打草制度；另一方面要采取措施，逐步建设"草、水、林、机（械化）"配套的人工草场，以减轻天然草场压力，扭转靠天养畜的落后局面。

（四）自然保护区

针对当前地球上各种生物资源正在不断遭到破坏，导致人类生存环境不断恶化的现状，世界上许多国家都在积极采取措施，保护各种生物资源和生态系统，其中一项重要措施就是建立自然保护区。

目前，中国已建立了 700 多个自然保护区，其中长白山、卧龙、鼎湖山、梵净山、武夷山、锡林郭勒、神农架、博格达峰等自然保护区还被纳入世界生物圈保护区网。但是，中国陆地自然保护区的面积约占国土总面积的 5.6%，而大多数发达国家自然保护区面积已达国土面积的 10%。因此，应当注意全面保护自然环境，积极开展科研工作，合理利用生物资源，大力发展自然保护区，形成一个全国性的自然保护区网，更好地保护各种生物资源和生态环境。

思考题

1. 中国地形地势对中国经济发展有哪些影响？
2. 中国少数民族的分布有哪些特点？少数民族地区实行哪些特殊的民族政策？
3. 简述中华民族的形成过程。
4. 中国的土地资源有哪些特点？在利用过程中存在哪些问题？解决这些问题的措施是什么？
5. 简述中国矿产资源的特点。
6. 中国华北地区水资源紧张的原因以及解决的措施是什么？
7. 目前，中国正在修建哪些防护林带？

第二章　中国历史概况

第一节　古代史（公元 1840 年以前）

中国是世界上四大文明古国之一，有大约五千年的文字记载的历史。中国历史在经过了原始社会（约公元前 170 万年—前 21 世纪）、奴隶社会（约公元前 21 世纪—前 771 年）、封建社会（公元前 770 年—公元 1840 年）、半殖民地半封建社会（1840—1949 年）后，于 1949 年 10 月中华人民共和国成立，开始进入社会主义社会。

一、原始社会（公元前 170 万年—前 21 世纪）

根据考古资料，大约一百万年以前，中国就已有了原始人类，其中最著名的猿人有元谋人、蓝田人和北京人。1965 年，在云南省元谋地区发现的猿人化石，称为"元谋人"。元谋人生活的时代距今约 170 万年，是中国境内目前已知的最早的人类。在陕西省蓝田发现的猿人化石，称为"蓝田人"，距今约 100 万年。"北京人"是指在北京周口店龙骨山的山洞里发现的原始人类，距今约 70 万 ~20 万年。据考古推测，"北京人"已可以站着走路，制造、使用简单工具和使用天然火，过着群居的生活，他们通常是几十个人在一起，共同劳动，共同分享劳动得来的食物，过着极其艰苦的生活，这种原始群是人类最早的社会组织。

中国原始人类经历了母系氏族社会和父系氏族社会的发展阶段。六七千年以前，在黄河流域和长江流域出现的"仰韶文化"，是母系氏族公社的主要代表。1952 年，在陕西西安半坡村发现的遗址，就是当时的一个母系氏族村落。五千年以前在黄河流域出现的"龙山文化"，是父系氏族公社的主要代表。在这两个历史阶段，中国原始人类已经能够磨制各种石器，而且发明了陶器，除了狩猎和打鱼外，农业、畜牧业也诞生了。随着生产力发展、社会成员物质交换的开始出现，私有财产、阶级分化随之出现，阶级对立逐步产生，原始社会开始解体，奴隶社会诞生。

传说在原始社会末期，黄河流域以及其他地区分布着许多氏族部落，其中，炎帝、黄帝就是当时著名的部落首领。他们两个部落在黄河流域发展起来，并不断融合其他部落，成为以后华夏族的主干。黄帝后来被称为中华民族的始祖。

二、奴隶社会——夏、商、西周（公元前21世纪—前771年）

中国的奴隶社会，从公元前21世纪到公元前771年，经历了夏、商、西周三个朝代。约公元前21世纪建立的夏朝，相传都城在阳城（今河南登封东南），是中国历史上最早的奴隶制国家，历时约500年。

公元前16世纪，夏朝灭亡，商朝建立。商朝国都几经迁移，最终由第十代国君盘庚定都于殷（今河南安阳市附近）。在商朝约600年间，奴隶制社会有了较大的发展。在农业上已初步使用青铜器制作农具，当时，青铜冶炼与制造技术已达到了相当高的水平。如出土的商朝后期青铜器制品——司母戊大方鼎，是迄今为止世界上发现的最大的青铜器。这一时期，奴隶主贵族阶级为了镇压奴隶和平民的反抗，不仅拥有军队，而且建立了一套完整的官僚体制，推行"人牲"和"人殉"制度，使社会矛盾日益尖锐，导致了商朝的灭亡。

约公元前11世纪，商朝灭亡，周王朝建立，定都镐京（今陕西西安附近），史称"西周"。西周的疆域扩展到黄河下游和淮河流域一带。为了巩固奴隶主阶级的统治秩序，全国实行了分封制和井田制。井田制是中国奴隶社会实行的一种土地国有制度。西周统治者除拥有比商朝更完备的国家机器以外，还建立了一套严密的宗法、礼乐、刑罚制度。这一时期，中国已成为一个制度完善、范围广大的奴隶制国家，中国的奴隶社会达到顶峰。

三、封建社会的萌芽阶段——春秋、战国（约公元前770年—前221年）

公元前770年，西周灭亡，周王朝迁都到洛邑，开始了东周时期。东周又分为"春秋"和"战国"两个时期，春秋时期自公元前770年至公元前476年；战国时期自公元前475年至公元前221年。

东周时期，炼铁技术迅速发展，铁制农具、牛耕方法被采用，耕地面积扩大。随着经济的发展，奴隶制生产关系阻碍了生产力的发展，于是，奴隶和平民反对奴隶主阶级的斗争激烈起来，新兴的地主阶级逐步取代了奴隶主阶级的地位，中国开始向新的历史阶段——封建社会过渡。

从春秋到战国时代，社会变革激烈，最根本的变革是奴隶制转变为封建制。据史书记载，春秋时代有140余个诸侯国，经过长期的战争，互相兼并，许多诸侯国灭亡了。到战国时，主要的诸侯国有齐、楚、燕、韩、赵、魏、秦等七个，历史上称为"战国七雄"，这个时期的主要特征是各国变法、社会经济迅速发展和兼并战争频繁，中国封建制度初步形成。

由于社会的剧烈变革，意识形态领域内出现了许多思想学派，形成了"百家争鸣"的活跃局面。当时主要学派有：以孔子、孟子为代表的儒家学派；以老子、庄子为代表的道家学派；以韩非子为代表的法家学派；以墨子为代表的墨家学派等。这些学派的思想成为中国古代传统思想的源流，对当时和后来的中国社会产生了极为深远的影响。

四、封建国家的建立与巩固时期——从秦朝到东汉（公元前 221 年—公元 220 年）

战国后期，秦王嬴政亲政后，秦国对六国发动了大规模的兼并战争。从公元前230 年起，秦国先后灭掉了韩、赵、魏、楚、燕、齐，于公元前 221 年统一了六国，都城设在咸阳。秦的统一，结束了春秋战国诸侯混战的局面，有利于社会经济和文化的发展，为中国长期的统一奠定了基础。

秦始皇为了进一步巩固自己的统治，在全国实行了郡县制。全国划分为 36 个郡，后来增加到 40 多个郡。县以下还设乡、亭、里等基层行政单位。实施"书同文"、"车同轨"，即统一全国文字。秦始皇下令推行一套笔画比较简单的字体小篆，作为全国通行的标准文字，后来又推广了一种更便于书写的隶书。在全国推行统一了的货币、度量衡制度；确立土地个人私有制度；为了加强思想控制，发动了"焚书坑儒"事件，破坏了大量珍贵的文化典籍，压制了思想文化的发展。

秦始皇在中原地区完成统一后，实现了北方和南方的统一。这对中国的统一与封建社会的发展，起到了重要的推进作用。秦朝是中国历史上第一个统一的多民族的封建国家，也是当时世界上最大的国家之一。

由于秦朝实施严厉的统治制度，统治者大兴土木，造宫殿，修陵墓，筑长城，引起了全国人民的强烈反抗。公元前 209 年，陈胜、吴广领导的农民起义推翻了秦朝的统治。

公元前 202 年，刘邦称帝，建立汉朝，定都长安（今陕西西安西北），历史上称西汉，刘邦就是汉高祖。在中国历史上，西汉的前期是个繁荣强盛的时期：在政治上，全国实现了高度的集中统一，形成了一个巩固的统一的中央集权的封建国家；在经济上，推行"休养生息"政策，重视农业生产，大规模兴修水利工程，农业技术、手工业、商业得到了明显发展；同时，统治者提倡节俭，减轻刑罚；在军事上，打败了北边的匈奴，巩固西北边疆，开辟了通向西域的商路，扩展了疆域，加强与中亚国家的联系，促进了国际贸易；在思想上，提倡"罢黜百家，独尊儒术"，加强思想上的统一；在科学文化上，出现了许多发明家、思想家、文学家、历史学家。

到了西汉后期，朝廷政治日益腐败，社会矛盾日益尖锐，终于爆发了农民起义。公元 25 年，刘秀称帝，沿用汉的国号，定都洛阳，历史上称东汉，刘秀就是光武帝。刘秀采取了一些缓和阶级矛盾的措施，减轻人民的负担，有利于社会经济的发展。在他统治期间，全国逐渐出现了较为安定的局面，历史上称作"光武中兴"。东汉后期，中央集权势力削弱，各地豪强割据势力增强，豪强之间激烈斗争。同时，黄巾军农民起义爆发，导致军阀大混战。经过各路军阀的大混战，最后形成了魏、蜀、吴三国鼎立的局面，开始了历史上的"三国时代"。

五、封建社会的发展和鼎盛时期——从三国到唐代（220—907 年）

从魏、蜀、吴三国鼎立到晋统一，又从南北朝对峙到隋唐统一的近 700 年（公元 220—907 年）间，中国社会基本上处于半分裂半统一、从分裂走向统一的状态，也是中国封建社会自秦汉以来的巩固走向发展和鼎盛的时期。

公元 220 年，曹丕废掉东汉汉献帝，自称皇帝，国号为魏，定都洛阳。公元 221 年，刘备在成都称帝，国号为汉，历史上称作蜀或蜀汉。公元 229 年，孙权称帝，国号吴，定都建业（今江苏南京）。这样就形成了三国鼎立的局面。这种局面持续了 60 多年后，西晋建立，中国又重新统一了。此后，中国北部先后分裂成十六个小的国家，又出现了北魏、东魏、西魏、北齐、北周五个政权，史称北朝；而南方经历了宋、齐、梁、陈四个朝代，史称南朝，这一南一北的局面，历史上称为南北朝时期。在此期间，北方各个民族在斗争中走向融合，北方地区的经济得到了发展。南方由于社会比较安定，中原地区发生战乱时迁出了大批黄河流域的移民，带去了先进的生产技术，使长江流域的经济得到了较快发展。

公元 581 年，杨坚称帝，建立隋朝，定都长安，杨坚就是隋文帝。隋文帝重新统一了中国，结束了西晋以来 200 多年的动乱分裂局面，使全国稳定下来，社会经济呈现出繁荣景象，为后来唐朝的繁荣昌盛打下了基础。

隋朝初期，为了加强中央集权，隋文帝实行改革。一是改革官制。在中央，设立三省六部制；在地方，将原有的州、郡、县三级制，改为州、县两级制。官制改革，加强了中央集权，简化了地方行政机构，节省了政府开支，有利于国家政令的推行。二是创立科举制度，隋文帝废除了魏晋以来按门第高低选任官吏的制度，采用分科考试方法选拔官吏。科举制度的创立，是中国古代选官制度的重大改革，有利于人才的选拔和中央集权统治的巩固。科举制度为以后各朝所沿用。

公元 618 年，李渊称帝，改国号为唐，定都长安，李渊就是唐高祖。公元 626 年，李世民就任皇帝，史称唐太宗，唐太宗是一位杰出的政治家和军事家。为了维护唐朝的统治，采取了强有力的措施。如任用贤臣，注意纳谏，沿用隋朝的三省六部制，设立宰相，进一步完善专制主义中央集权制度；推行均田制和租庸调法；重视文化教育，在中央设立国子学、太学、四门学，在地方有州学和县学，培养人才。唐太宗贞观年间政治较为清明，人民生活比较安定，经济繁荣，国力强盛，历史上称为"贞观之治"。

唐玄宗统治前期开元年间（公元713—741年），先后任用一批干练正直的人做宰相，针对当时的社会情况，大力进行改革，提倡节省国家开支，使社会进一步稳定，国力更加强盛，成为唐朝全盛时期，历史上称这个时期为"开元盛世"。

公元755年，节度使安禄山和部将史思明发动叛乱，这场叛乱持续8年，史称"安史之乱"。从此，唐朝进入中后期阶段，这一时期国家不稳定，政治黑暗，朝廷分裂，藩镇叛乱，战争不已，国家开始走下坡路。公元907年，唐朝终于被农民起义所灭亡。

六、封建社会的继续发展时期——从五代到元代（907—1368年）

从公元907年开始，五代十国的分裂局面持续了近60年。公元960年，赵匡胤建立宋朝，定都东京，历史上称北宋，中国又重新归于统一。从此中国社会尽管王朝更迭，阶级矛盾、民族矛盾尖锐，但始终没有出现过像以前那样的大分裂局面，中国已经奠定了统一的牢固基础。

从五代十国，经过宋、辽、金、西夏时期汉族和其他民族的融合，到实现元朝的统一，约有460年。这期间，中国封建社会虽不像唐朝那样繁荣富强，但仍在继续发展，农业、手工业、商业、科学、文化、国际贸易等，都取得了许多新的成就。这一时期中国的经济中心，已从黄河流域转移到长江流域。中国南方的泉州、广州成为海上贸易的主要港口，许多外国商人、旅行家来到了中国。如意大利威尼斯商人马可·波罗，曾经游历了中国广大地方。

宋朝和元朝时期，民族矛盾突出。宋朝时，中国北部和西部的少数民族强大起来，先后建立了辽、金、西夏政权，不断地侵犯宋朝。1127年，女真族的金国打进宋朝都城——东京（今开封），抓走宋朝的皇帝，北宋灭亡。同年，宋朝皇族赵构重建政权，定都临安（今杭州），历史上称为南宋。1206年，北方的蒙古族建立了蒙古政权，不仅势力强大，而且发展十分迅速。1260年，成吉思汗的孙子忽必烈继承汗位，迁都燕京。1271年改国号为元，不久便率军南攻，1279年，南宋灭亡，元朝统一了全国，这是中国历史上第一个由少数民族统治全国的王朝。但是，由于民族压迫严重，社会矛盾尖锐，当元朝统治将近100年时，即公元1368年，朱元璋领导的农民起义推翻元朝，并建立了明朝。

七、封建社会的衰落时期——明清时期（1368—1840年）

1368年，朱元璋在应天称帝，建立了明朝，改年号为洪武，朱元璋就是明太祖。同年，明太祖的北伐军队攻入大都，推翻了元朝。明太祖即位后加强君主专制，主要措施有以下几项：第一，变更统治机构，加强皇权。在中央设立六部，六部首领直属于皇帝，废除宰相制度。第二，设立特务机构，加强对官吏的监视和对人民的镇压。第三，推行八股取士，加强思想文化专制。明朝科举考试，专以四书五经命题，文章的格式必须用八股文。这套考试制度禁锢了人们的思想，选拔忠顺于皇帝的奴才。明太祖以后的几位皇帝也采取一系列加强君主专制的政策，使明朝政权日益巩固起来。

明朝后期，皇帝十分昏庸腐朽。皇帝深居后宫，不理政事，出现了宦官专权的局面。社会阶级矛盾日益尖锐，终于爆发了李自成领导的农民起义。

1644 年，在明朝受到农民起义沉重打击的情况下，东北地区的少数民族——满族，从山海关打进北京，结束了明朝统治，建立起满族统治中国的清朝。清朝作为中国历史上最后一个封建王朝，到 1911 年，被新兴的阶级——资产阶级领导的"辛亥革命"彻底推翻。

从明代初期到清代中期，约 470 年，中国始终是一个统一的多民族国家。清朝的疆域，西到帕米尔高原，北到西伯利亚，东北沿外兴安岭到大海，东到太平洋的台湾及附属岛屿，南到南沙群岛，西南到西藏、云南，面积比现在更广阔。

第二节　近代史（1840—1919 年）

从 1840 年鸦片战争到 1919 年"五四"运动爆发，是中国近代史时期。这一时期的突出特点是：帝国主义入侵中国，中国由封建社会变成了半殖民地半封建社会；中华民族与外国资本主义的矛盾，人民大众与封建主义的矛盾成为中国社会的主要矛盾。前一对矛盾逐渐成为中国社会的主要矛盾，从此，中国人民肩负着反帝反封建的历史使命。

中国近代史时期，发生了一系列对中国社会进程产生深刻影响的历史事件。

一、鸦片战争

鸦片战争前，中国是一个独立自主的封建国家。小农业和家庭手工业相结合的自然经济仍然占统治地位。在对外贸易方面，清政府实行闭关政策，只开放广州一地与外国通商，十分不利于中国社会经济的发展，阻碍中国与世界的联系，使中国日益落后于西方。19 世纪中叶，当时世界主要的资本主义国家有英、法、美等，英国工业发展水平最高，是当时资本主义世界的头号强国。为了发展资本主义，他们在世界上到处寻找原料基地和商品市场，扩张海外殖民地。中国土地广大，资源丰富，人口众多，自然成为他们垂涎的对象。

19 世纪初期，英国向中国秘密输入毒品鸦片，导致清政府白银大量外流，中国对外贸易从出超变成入超，严重影响政府的财政收入；鸦片严重损害了中国人民的身心健康，破坏社会生产力；统治者吸食毒品鸦片，使社会政治更加腐败。鸦片泛滥，给中国人民带来了灾难，使外国资本主义与中华民族的矛盾日益尖锐。

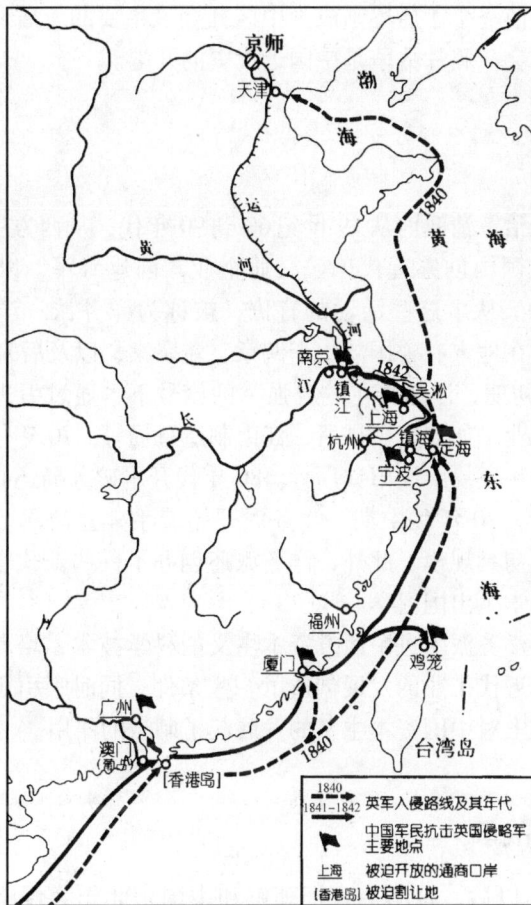

第一次鸦片战争形势图

1839 年，清朝政府派遣林则徐三次赴广东调查鸦片走私情况，并于 1839 年 6 月 3 日至 25 日，把缴获的鸦片运到虎门当众全部销毁。英国政府得知中国严禁鸦片的消息后，借口保护贸易，对中国发动侵略战争。1840 年 6 月，英国舰队开到广东海面封锁珠江口，鸦片战争正式开始。中国民众和爱国官兵坚决反抗英国侵略者。但是，清朝政府腐败无能，向侵略者屈服，于 1842 年与英国政府签署了《南京条约》。

《南京条约》主要内容包括：向英国大量赔款；割让领土香港；开放广州、厦门、福州、宁波、上海等为通商口岸；英国可在通商口岸派驻领事官员。《南京条约》为外国强加给中国的第一个不平等条约。1844 年，美国、法国等仿效英国，也强迫清朝政府分别与他们签订了不平等条约。

一系列不平等条约的签订，使中国严重丧失了主权，改变了中国社会的主要矛盾，此后，中华民族与外国资本主义的矛盾，人民大众与封建主义的矛盾成为中国社会的主要矛盾，而且前一个矛盾逐渐成为中国社会最主要的矛盾。从此，中国逐步沦为半殖民地半封建社会。鸦片战争是中国近代史的开端。

二、洋务运动

为了维护封建统治，清政府从19世纪60到90年代，从西方引进机器设备、科学技术和军事装备，在国内创办近代工矿交通企业、创建海军，以及兴办近代教育事业。这就是洋务运动。从事这些活动的官僚，被称为洋务派。洋务派的主要代表人物，在中央是奕䜣，在地方有曾国藩、李鸿章、左宗棠，以及后来的张之洞。

19世纪60年代初期，洋务派在"自强"的旗号下，通过引进西方的机器设备和技术开始创办军事工业。如安庆军械所、江南制造总局等。70年代创办了一些和民用有关的工业，如开平矿务局、汉阳铁厂。80年代开平矿务局还修建铁路运煤，开创了中国铁路运输事业。70年代中期，洋务派开始着手建立海军。到1885年，北洋、南洋、福建三支海军初具规模。此外，洋务派还创办了一些新式学校，培养了一批军事和技术人才，并派学生出国留学。

在洋务运动中，洋务派引进了西方资本主义的科学技术，培养了中国自己的科技人员和技术工人，为近代工业的发展创造了一些条件；同时吸引了官僚和商人投资于近代工业。这在客观上对中国资本主义的发展起了刺激的作用。

三、甲午中日战争

1868年明治维新以后，日本一直把朝鲜和中国东北作为侵略的首要目标。1894年春，朝鲜爆发了东学党农民起义。朝鲜政府请求清政府派兵帮助镇压。6月初，清政府派兵1 500多人进驻朝鲜中部的牙山。日本乘机派兵12 500多人在朝鲜登陆，占领朝鲜都城汉城，形成对清军的包围。东学党起义平息后，清政府建议中日两国同时撤军，遭到日本拒绝。7月25日，日本军舰突然袭击朝鲜丰岛附近海面中国运输船只，同时进军牙山的中国军队，战争正式爆发。清军北撤平壤。8月1日，中日双方互相宣战。这一年是中国农历甲午年，这场战争史称甲午中日战争。战争爆发后，中国军队和民众进行了英勇抵抗，但是，清朝政府腐败软弱，向日本妥协，并签订了屈辱的《马关条约》。

根据条约内容，中国将辽东半岛、台湾、澎湖列岛割让给日本，赔偿日本军费2亿两白银；增开沙市、重庆、苏州、杭州四个通商口岸，日本可在通商口岸开设工厂。

甲午中日战争以后，其他帝国主义列强看到日本在中国占了很大便宜，便向清政府要求享受与日本同等的优惠条件。于是，他们竞相在中国投资，抢占租界地，划分势力范围。1899年6月美国则向清政府提出所谓"门户开放"政策。也就是说，美国承认各国在中国的势力范围和既得的特权，同时在租借地和势力范围内，各国都享有均等的贸易机会，税收、运费一律平等。美国提倡"门户开放"的结果，一方面，使美国商品进入了其他各国的势力范围，另一方面，使各帝国主义国家暂时达成了共同瓜分中国的共识，进一步加深了中国半殖民地半封建社会的社会性质。

四、戊戌变法

1894年甲午中日战争以后，中国眼看着就要被帝国主义列强瓜分殆尽，在深刻的民族危机面前，以康有为、谭嗣同、梁启超为代表的资产阶级改良派，发起了变法维新运动，想走日本"明治维新"的道路，振兴国家，挽救国运。

维新派提出变法的主要内容包括：主张在中国实行君主立宪制度，改变传统的君主专制；学习西方的社会政治学说和自然科学，废除八股文考试制度。他们还主张兴办学堂、工厂、铁路、矿山，发展资本主义等。维新派的主张，得到了清朝政府中以光绪皇帝为首的一部分人的支持。1898年6月11日，光绪皇帝颁布诏书，决心变法，这一年是中国农历戊戌年，历史上称这次变法为"戊戌变法"。从6月11日开始变法到9月21日变法失败，前后历时103天，因此这次变法又称"百日维新"。

百日维新期间，光绪皇帝颁布了几十道变法诏旨。但是，变法运动遭到了清朝政府中以慈禧太后为首的封建顽固派的坚决反对，最后慈禧下令囚禁了光绪皇帝，戊戌变法运动就此失败。

戊戌变法运动虽然失败了，但它有重要的历史意义。维新派在民族危亡的关头，揭露了帝国主义的侵略罪行，他们为救亡图存而发动的变法运动，是爱国的运动。他们提出比较全面的资本主义改革方案，有一定的社会影响，有利于中国民族资本主义的发展。

五、义和团运动

甲午中日战争后，随着帝国主义侵略的加深，外国传教士活动日益猖狂，长期活动在山东、直隶、河南一带的义和团，提出了"扶清灭洋"的口号，并把斗争的矛头指向帝国主义。义和团反帝运动在京津地区的迅速发展，得到了全国的热烈响应。同时，也引起了帝国主义列强的恐慌。为了镇压义和团运动，1900年6月10日，英、美、俄、德、日、奥、法、意八国侵略军2 000多人，从天津向北京进攻，发起八国联军侵华战争。义和团和部分清军奋起抵抗，狙击侵略军，迫使八国联军不断增兵。8月初，2万多名侵略军从天津向北京推进，8月中旬，北京失陷，慈禧下令镇压义和团运动。这样，义和团运动在中外反动势力共同镇压下失败了。但它显示了中国人民的巨大力量，沉重地打击了中外反动势力，粉碎了帝国主义瓜分中国的迷梦，加速了清王朝的崩溃。

1901年9月7日，清政府被迫同英、美、俄、德、日、奥、法、意、西、比、荷等11国代表签订条约。这一年是中国农历辛丑年，历史上称这个条约为《辛丑条约》。条约主要内容是：清政府向各国赔款加上利息共9.8亿两白银；北京设立"使馆区"；允许各国派兵保护，中国人不能在区内居住；允许各国派兵驻守北京到山海关铁路沿线的战略要地等。

《辛丑条约》严重破坏了中国主权，使清政府完全成为帝国主义控制中国的工具，清政府向各国巨额赔款，成为中国人民的沉重负担。《辛丑条约》的签订，标志着中国完全沦为半殖民地半封建社会。

六、辛亥革命

义和团运动失败后，中国又迅速兴起了资产阶级民主革命运动。孙中山是这次资产阶级民主革命运动的领袖。孙中山（1866—1925年），名文，字逸仙，出生于广东省香山县（今中山市）翠亨村的一个农民家庭。1897年在日本化名为中山樵，孙中山名字由此而来。1894年孙中山在檀香山创立了中国第一个资产阶级革命团体——兴中会，提出推翻清朝政府、建立资产阶级共和国的斗争目标。

1905年夏季，孙中山与黄兴等人商定成立统一的革命政党，并定名为中国同盟会，制定了《中国同盟会总章》，并把孙中山提出的"驱除鞑虏，恢复中华，创立民国，平均地权"作为纲领。11月，孙中山在同盟会机关报《民报》的发刊词中，进一步把它概括为民族、民权、民生三大主义，简称"三民主义"。同盟会纲领反映了资产阶级的愿望，是孙中山领导辛亥革命的指导思想。它的产生和传播促进了革命运动的迅速发展。

同盟会成立后，资产阶级革命派把主要精力放在发动武装起义上，并先后发动了广西镇南关起义、广州黄花岗起义、四川保路运动和湖北武昌起义。

1911年10月10日晚上8时半，湖北新军工程营中的革命党人首先发动起义，10月12日，起义军控制了武汉三镇。10月11日，起义军成立湖北军政府，推新军协统黎元洪为都督，改国号为中华民国。11月下旬，全国有14个省宣布脱离清政府的统治而独立，清朝的统治迅速崩溃，这一年是中国农历辛亥年，史称这次革命为辛亥革命。同年12月下旬，孙中山当选为中华民国临时大总统。

1912年1月1日，孙中山在南京宣誓就职，宣告中华民国成立，改用公历，并以这一年作为中华民国元年。4 月 1 日，孙中山宣布辞去临时大总统职务。辛亥革命的成果最终被袁世凯所窃取，他因为没有完成反帝反封建的任务而以失败告终。

辛亥革命是中国近代史上一次伟大的反帝反封建的资产阶级民主革命。它推翻了清王朝的统治，结束了中国两千多年的封建帝制，建立起资产阶级共和国，颁布了《中华民国临时约法》。辛亥革命使人民获得初步的民主权利，在思想上获得了很大的解放，并促使人们继续去探索救国救民的道路。

第三节　现代史（1919—1949 年）

从 1919 年"五四"运动到 1949 年 10 月 1 日中华人民共和国成立，是中国现代史时期，这一时期是中国人民反抗外国侵略，争取国家独立、民族富强的时期。中国各族人民为此付出了巨大的牺牲，并取得了辉煌的胜利，建立了中华人民共和国。

一、"五四"运动—"九·一八"事变前（1919—1930 年）

1918 年 11 月，第一次世界大战结束。1919 年 1 月，英、美、法、日、意等战胜国在巴黎召开所谓"和平会议"，简称"巴黎和会"。中国是战胜国之一，也派代表出席了会议。中国代表团向会议提出取消列强在华一切特权、废除"二十一条"和归还德国侵占山东的各种权利等要求，但遭到与会各国无礼拒绝。巴黎和会上中国外交失败的消息传到国内，人民对外恨列强、对内恨军阀卖国和混战的怒火，就像火山一样爆发了。5 月 4 日，北京十几所学校的学生 3 000 多人集中到天安门前，举行游行示威，反对中国政府代表出卖国家主权，要求拒绝在和约上签字，惩治卖国贼。

北京爆发学生运动后，举国震动，上海、南京、武汉、广州等城市的几百万学生，纷纷起来响应，声援北京学生的反帝爱国运动。由于爱国运动的不断扩大，尤其是工人罢工显示出的巨大威力，迫使北京政府释放了被捕的学生，罢免了曹汝霖、章宗祥、陆宗舆等人的职务，并拒绝在"和约"上签字。"五四"运动取得了初步的胜利。

"五四"运动是一次彻底的不妥协的反帝反封建的爱国运动，充分显示了中华民族的觉醒和不可侮的精神。它是一个具有划时代意义的历史事件，标志着中国新民主主义革命的伟大开端。

二、抗日战争时期（1931—1945 年）

（一）"九·一八"事变

1929 年秋，资本主义世界爆发了空前严重的经济危机。日本为了摆脱经济危机，决定趁中国大打内战的机会，首先占领中国东北，然后进一步吞并整个中国，变中国为它独占的殖民地。

1931 年 9 月 18 日夜，驻东北的日本关东军经过精心策划，自行炸毁沈阳北郊柳条村附近南满铁路的一段路轨，诬称为中国军队所破坏，并以此为借口，向东北军驻地北大营和沈阳大举进攻，制造了"九·一八"事变。

事变发生后，沈阳的中国驻军要求抵抗，可是政府却命令"力避冲突"，"绝对不准抵抗"，中国几十万军队退入关内。不到 4 个月，东北三省沦陷为敌占区。1932 年，日本占领整个东北三省后，推行"以华治华"的政策，宣布成立"满洲国"，溥仪任"皇帝"。日本关东军司令官兼任驻"满洲国"全权大使，成为"满洲国"的太上皇。

事变发生后，全国掀起了规模空前的反日怒潮，中日民族矛盾日益激化。在南京、上海、北平等地，举行了声势浩大的抗日救国大会和反日示威游行，抗议日本帝国主义的侵略，要求国民政府"停止内战，一致对外"。

（二）西安事变

1935 年 10 月，日本策动"华北五省自治"事变，妄图将五省变为其殖民地，华北事变使中华民族面临空前严重的危机。北平青年学生举行声势浩大的爱国抗日示威游行，极大地推动了全国抗日民主运动走向新的高潮。

由于民族危机的加深，全国抗日民主运动的高涨，国民党内部发生了分化。以张学良为首的东北军和以杨虎城为首的西北军，在陕西进攻红军失败，对蒋介石的内战政策极为不满，多次要求蒋介石改变内战政策，联共抗日，均遭到拒绝。

1936 年 12 月 12 日清晨，张学良、杨虎城派兵到蒋介石居住的西安临潼华清池，解除蒋介石卫队的武装，并扣留了蒋介石。随后，通电全国，要求停止内战，联共抗日。这就是著名的"西安事变"。

事变发生后，国内各政治力量展开和平谈判，蒋介石终于接受了停止内战、联合抗日的 6 项条件。西安事变的和平解决，成为时局转变的关键。它标志着中华民族进入一个全民族抗击外来侵略者的时期的开始。

（三）卢沟桥事变

日本帝国主义早就蓄谋通过战争把中国变为它的殖民地。1937 年 7 月 7 日夜，日军以军事演习为名，突然炮轰卢沟桥和宛平县城。当地中国驻军第二十九军奋起抵抗。这就是"七·七"事变，即卢沟桥事变。从此，全国性的抗日民族解放战争开始了。

　　为了实现全民族抗战，中国共产党发表抗日通电，呼吁"国共两党亲密合作，抵抗日寇的新进攻"，又拟订了《中共中央为公布国共合作宣言》，送交国民党。9 月下旬，国民党发表了《中国共产党为公布国共合作宣言》，蒋介石发表谈话承认中国共产党的合法地位。这样，中国共产党倡导的以国共合作为主体的抗日民族统一战线正式形成。

　　（四）抗日战争的胜利

　　1945 年 8 月上旬，美国空军先后在日本的广岛、长崎投下了两颗原子弹；苏联政府对日宣战；毛泽东发表了《对日寇的最后一战》的声明，号召举行全国性的战略反攻。8 月 15 日，日本宣布无条件投降。9 月 2 日，日本代表在投降书上签字。至此，中国人民经过 8 年的浴血奋战，终于取得抗日战争的最后胜利。

　　抗日战争是中国近代历史上最伟大的民族解放战争。它改变了 100 多年来中国人民反侵略战争屡遭失败的局面，第一次取得反对外国侵略的完全胜利。这一胜利开创了半殖民地弱国战胜帝国主义强国的范例。中国的抗日战争是东方反法西斯战争的主战场，为世界反法西斯战争的胜利作出了重大贡献。

三、解放战争时期（1946—1949 年）

　　（一）解放战争

　　抗日战争胜利后，全国人民渴望和平民主。中国共产党及时提出了"和平、民主、团结"的政治主张，并于 1945 年 8 月 28 日，派毛泽东、周恩来、王若飞等到达重庆，同国民党进行谈判。10 月 10 日，国共双方代表签订了有益于人民的《双十协定》。协定规定：国共两党要"长期合作，坚决避免内战"，"以和平、民主、团结、统一为基础"，"建设独立、自由和富强的新中国"；召开政治协商会议，邀请各党派代表及社会知名人士共商和平建国大计；保证人民享有民主、自由权利。1946 年 1 月，中国国民党和中国共产党签订了《停战协定》，接着，国共双方向所属部队下达了停战令。这些政策有利于人民，受到人民群众的欢迎。

　　1946 年春，国民政府公然践踏《停战协定》和政协协议，镇压人民的反内战运动，同时加紧完成内战部署。6 月底，国民党军队大举围攻中原解放区，发动了空前规模的全面内战，这就是中国历史上的解放战争。

　　（二）中国共产党七届二中全会

　　1949 年 3 月，中国共产党在河北省平山县西柏坡村召开了第七届中央委员会第二次全体会议，并通过了相应的决议。

　　全会指出，在全国胜利的形势下，从现在起，必须把党的工作重心由乡村转移到城市，开始由城市领导乡村的时期。

　　全会指出，在全国胜利以后，必须把恢复和发展生产作为中心任务，使中国稳步地由农业国变为工业国，把中国建设成为一个伟大的社会主义国家。为了实现这一总任务，会议规定了一系列的基本政策。

在政治上，要巩固和加强无产阶级领导的以工农联盟为基础的人民民主专政的国家政权。

在经济上，要没收集中在帝国主义和官僚资产阶级手中的资本，归无产阶级领导的国家所有，使它成为社会主义性质的国营经济，成为整个国民经济的领导成分；个体的农业和手工业在一个相当长的时期内，还将是分散的个体的性质，但必须采取谨慎的积极的办法，组织合作社，引导它们走上社会主义的道路；私人资本主义经济是不可忽视的力量，在胜利后一个相当长的时期内，采取利用、限制的政策。

在外交上，按照平等原则，同一切国家建立外交关系。

中共七届二中全会，为迎接中国革命在全国的胜利，为新中国的建设事业，在政治上、思想上做了充分准备。

（三）中国国民党在大陆统治的结束

1949 年 4 月 23 日，中国人民解放军解放了南京，标志着中国国民党在大陆统治的结束。到 1950 年初，除西藏以外的中国大陆全部解放。这标志着从 1946 年 7 月到 1949 年 9 月，历时 3 年多的人民解放战争的结束，为中华人民共和国的成立奠定了基础。

第四节　当代史（1949 年以后）

中华人民共和国成立，开创了中国历史光辉灿烂的新纪元。中国各族人民投身于社会主义国家的建设，并取得了巨大的成就，同时，也犯了一些错误，经历了一个曲折的过程。这一过程可以分为四个阶段：中华人民共和国的成立和社会主义改造的基本完成（1949—1956 年）；社会主义建设在探索中曲折发展（1957—1966 年）；"文化大革命"的十年内乱（1966—1976 年）；社会主义现代化建设的新局面（1976 年以后）。

一、中华人民共和国的成立和社会主义改造的基本完成（1949—1956 年）

1. 中华人民共和国的成立

1949 年 9 月在北平召开中国人民政治协商会议第一次全体会议。出席会议的代表有 600 多人，包括中国共产党、各民主党派和无党派爱国人士的代表，各人民团体和人民解放军的代表，各地区、各民族和海外侨胞的代表，以及特别邀请的代表。

会议确定新中国的国家名称为中华人民共和国。会议通过了《中国人民政治协商会议共同纲领》。共同纲领规定了新中国的国家政权性质、军事制度、经济制度、文化教育制度、民族政策和外交政策。并把北平改名为北京，作为国家首都，采用公元纪年，以《义勇军进行曲》为代国歌，以五星红旗为国旗。会议选举毛泽东为中华人民共和国中央人民政府主席。

1949 年 10 月 1 日中央人民政府委员会举行第一次会议，中央人民政府主席、副主席和委员正式就职。下午 3 时，北京 30 万人集合在天安门前，举行中华人民共和国开国大典。毛泽东主席站在天安门城楼上，亲手按动电钮，升起了第一面五星红旗。接着，毛泽东向全世界庄严宣告：中华人民共和国中央人民政府今天成立了！

中华人民共和国的成立，标志着中国新民主主义革命胜利了，帝国主义、封建主义和官僚资本主义在中国的统治被推翻了，中国半殖民地半封建社会结束了，从此，中国人民摆脱了受剥削、受奴役的悲惨命运，翻身做了国家的主人。

2. 社会主义改造的基本完成

1953 年，中国政府提出了过渡时期的总路线。这条总路线规定，要在一个相当长的时期内，逐步实现国家的社会主义工业化；逐步实现国家对农业、手工业和资本主义工商业的社会主义改造，制定了发展国民经济的第一个五年计划（1953—1957年）。对农业、手工业和资本主义工商业的社会主义改造逐步开展起来。

对农业的社会主义改造，采取了逐步过渡的方法，引导农民走合作化道路。经过从互助组到初级农业生产合作社，再到高级农业生产合作社的发展过程，使生产资料个体所有制逐步发展为社会主义的集体所有制。到 1956 年底，全国有 95% 以上的农户参加了农业生产合作社，基本实现了国家对农业的社会主义改造。

对手工业的社会主义改造，也是通过合作化道路，把生产资料个体所有制逐步改变为集体所有制。到 1956 年底，参加生产合作社的手工业者已占总数的 90% 以上，基本完成了手工业社会主义改造的任务。

对资本主义工商业的社会主义改造，是通过多种形式的国家资本主义，实行和平赎买政策，有代价地把资本家占有的生产资料逐步收归国家所有。在具体做法上，最初是采取加工订货、统购包销和经销代销的形式，在一定程度上把私营工商业的生产和经营纳入国家计划。随着社会主义经济建设的发展和国营经济力量的壮大，国家有步骤地推行公私合营，开始是个别企业的公私合营，后来发展到全行业的公私合营，这样就使原来私营资本主义企业的生产资料完全由国家支配，按照社会主义原则进行经营。1956 年，全国几乎百分之百的私营工业和超过 80% 的私营商业，实现了全行业公私合营。国家对资本主义工商业的社会主义改造获得了成功。

农业、手工业和资本主义工商业三大改造的实现，表明中国已经基本完成了对生产资料私有制的社会主义改造。中国的经济结构发生了根本变化，以生产资料公有制为基础的社会主义经济制度基本建立起来了。

二、社会主义建设在探索中曲折发展（1957—1966年）

1956年9月，中国共产党第八次全国代表大会成功召开，大会指出，社会主义制度在中国已经基本建立起来。国内的主要矛盾是人民群众对经济文化的迅速发展的需要，同当前经济文化不能满足人民日益增长的需要之间的矛盾。大会提出，全国人民今后的主要任务，是集中力量发展社会生产力，尽快地把中国建设成为先进的社会主义工业国。从此以后，中国开始转入全面的大规模的社会主义建设。特别是1958年到1960年的三年大跃进，试图在较短时期内在钢铁、煤炭等主要工业品指标上，超过英国和赶上美国，忽视了经济建设的客观规律。

1961年1月，中国政府对主观主义思想进行反思，及时地对国民经济进行调整，并决定对国民经济实行"调整、巩固、充实、提高"的八字方针。1962年在北京召开"七千人大会"，这次大会着重总结了社会主义建设的经验教训，要求全国人民切实搞好国民经济的调整，并制定了调整的具体政策：调整农村政策；压缩基本建设规模；政府精简职工；调剂和稳定市场；在政治上调整各种关系，调动各方面积极性。经过调整，到1965年，工农业生产接近或超过历史最高水平，各个经济部门在新的基础上实现了平衡发展，国民经济出现了欣欣向荣的面貌。

这个时期，中共中央仍然对阶级斗争问题作了扩大化和绝对化的估计，以致"左"倾错误在政治和思想文化方面继续发展，最终导致了"文化大革命"。

三、"文化大革命"的十年内乱（1966—1976年）

1966年5月至1976年10月，是"文化大革命"的十年。中共中央主要领导认为中国共产党内从中央到地方都出现了走资本主义道路的当权派，并形成了很大势力，党内走资本主义道路的当权派在中央形成了一个资产阶级司令部，它有一条修正主义的政治路线和组织路线，在各省、市、自治区和中央各部门都有代理人。过去的各种斗争都不能解决问题，只有实行"文化大革命"，公开地、全面地、自下而上地发动广大群众来揭发上述的黑暗面，才能把被"走资派"篡夺的权力重新夺回来。

1966年5月16日，中共中央政治局扩大会议通过了毛泽东主持起草的《中国共产党中央委员会通知》，即《五·一六通知》，标志着"文化大革命"开始全面发动。这是一场明显地脱离了中国革命实际，给国家和人民带来灾难的内乱。1976年10月，江青反革命集团被粉碎，历时10年的"文化大革命"终于结束，中国社会进入了新的历史发展时期。

四、社会主义现代化建设的新局面（1976 年以后）

1978 年 12 月，中国共产党在北京召开十一届三中全会。全会重新确立了实事求是、一切从实际出发、理论联系实际的马克思主义思想路线，果断地停止使用"以阶级斗争为纲"的错误口号，坚决批判了长期存在的"左"倾错误，作出了把全党工作重点转移到社会主义现代化建设上来的战略决策。全会讨论了"文化大革命"中的一些重大政治事件和历史上遗留下来的一些重大问题，纠正了一批重大冤假错案。全会还作出了加快农业发展的决定。

中国共产党十一届三中全会，从根本上冲破了长期"左"倾错误的严重束缚，是新中国成立以来中国共产党的历史上具有深远意义的伟大转折，开创了中国社会主义事业发展的新时期。

为了加快工业、农业、国防和科学技术四个现代化的建设，中国政府领导全国人民实行对内改革、对外开放、搞活经济的方针和政策。

中国的改革是从农村开始的。一方面，国家大幅度提高农副产品的收购价格，调动了农民的生产积极性；另一方面，在经济体制上实行以家庭联产承包为主的农业生产责任制，较好地解决了管理过分集中、经营方式过分单一和分配上平均主义的问题。随后，在城市也开展了经济体制改革。城市的改革从扩大企业自主权和推行经营责任制入手，并逐步扩展到计划管理体制、价格体系、工资制度、所有制结构等方面的改革。

在进行经济体制改革的同时，实行对外开放政策，主要是在平等互利的原则下，利用外资，引进先进的科学技术，扩展对外贸易，开展各种形式的国际经济技术合作，为中国社会主义现代化建设服务。1979 年，中国政府决定，对广东、福建两省实行特殊政策和灵活措施，充分发挥两省的优势条件，发展对外经济关系，收到了良好的效果。1980 年和 1981 年，在广东省的深圳、珠海、汕头和福建省的厦门，先后办起了经济特区，进一步实行特殊的体制和政策，吸引外商和华侨、港澳台同胞投资兴办企业，大力发展外向型经济，带动了全国的对外开放。

中国历史年表

朝　代	年　　代	朝　代	年　　代
原始社会	约 170 万年前—约公元前 21 世纪	南朝	公元 420—589 年
夏	约公元前 21 世纪—约前 16 世纪	北朝	公元 386—581 年
商	约公元前 16 世纪—约前 11 世纪	隋	公元 581—618 年
西周	约公元前 11 世纪—前 771 年	唐	公元 618—907 年

（续上表）

朝　代	年　代	朝　代	年　代
春秋	公元前 770—前 476 年	五代	公元 907—960 年
战国	公元前 475—前 221 年	北宋	公元 960—1127 年
秦	公元前 221—前 206 年	南宋	公元 1127—1279 年
西汉	公元前 206—公元 25 年	辽	公元 916—1125 年
东汉	公元 25—220 年	金	公元 1115—1234 年
魏	公元 220—265 年	元	公元 1206—1368 年
蜀	公元 221—263 年	明	公元 1368—1644 年
吴	公元 222—280 年	清	公元 1616—1911 年
西晋	公元 265—317 年	中华民国	公元 1912—1949 年
东晋	公元 317—420 年	中华人民共和国	公元 1949 年 10 月 1 日成立

思考题

1. 秦朝是中国历史上第一个封建国家，它对中国社会有什么影响？
2. 简述春秋战国时期诸子百家的主要论著及理论内容。
3. 简述鸦片战争对中国社会的影响。
4. 列举中国人民抗日战争期间的重大历史事件。
5. 简述辛亥革命的历史意义。
6. 简述新中国成立的历史意义。
7. 简述十一届三中全会的主要内容及历史作用。

第三章 当代中国的政治状况

    1949 年 10 月，中华人民共和国正式宣告成立，中国的政治制度发生了根本变革，中国的政治状况有了翻天覆地的变化，中国人民从此真正成为国家的主人。经过半个多世纪的不懈努力，中华人民共和国在各个方面都取得了举世瞩目的成就。本章重点介绍当代中国在民主政治、法制、人权领域发生的巨大变化。

第一节 中国民主政治与法制

一、中国民主政治发展与变革

    1949 年 9 月，中国人民政治协商会议第一届全体会议召开，这是中国共产党和各民主党派、人民团体、无党派民主人士按照民主原则共商建国大计的一次重要会议。会议确立了新中国的国家制度和政权组织形式，通过了具有临时宪法地位的《中国人民政治协商会议共同纲领》，纲领规定："中华人民共和国的国家政权属于人民。人民行使国家权力的机关为各级人民代表大会和各级人民政府。"

    1949 年 10 月 1 日中华人民共和国成立，中国人民的政治地位发生了根本变化。从此，中国人民开始真正当家作主，成为国家、社会和自己命运的主人。

    1954 年 9 月，第一届全国人民代表大会第一次会议召开，它标志着人民代表大会制度在全国范围内正式建立。而在此前通过的《中华人民共和国宪法》，已经把工人阶级领导的、以工农联盟为基础的人民民主专政的国家制度和人民代表大会的政体制度，确立为中华人民共和国的根本政治制度。

    自 20 世纪 70 年代末实行改革开放政策以来，中国在深化经济体制改革的同时，坚定不移地推进政治体制改革，中国的民主制度不断健全，民主形式日益完善，人民充分行使自己当家做主的权利。中国特色社会主义民主政治建设正在与时俱进，不断呈现蓬勃生机和旺盛活力。

    人民代表大会制度、中国共产党领导的多党合作和政治协商制度、民族区域自治制度等国家民主制度不断完善和发展，城乡基层民主不断扩大，公民的基本权利得到尊重和保障，中国共产党民主执政能力进一步提高，政府民主行政能力显著增强，司法民主体制建设不断推进。国家领导制度、立法制度、行政管理制度、决策制度、司法制度、人事制度和监督制约制度等方面的改革取得了显著成效。

基层群众自治制度是保障人民群众直接行使民主权利的一项基本政治制度。2009年，国务院出台了《关于加强和改进村民委员会选举工作的通知》，就选举前准备工作、选举程序、选举后续工作、加强组织领导等方面提出了规范性要求，对维护村民委员会选举的公正有序、保障村民依法直接行使民主权利、发展农村基层民主具有重要意义。全国 12 个省份村委会和 16 个省份居委会完成了换届选举工作。目前，全国农村有村委会 60.4 万个，依法民主选举产生的村委会成员 230 多万人。国家开展村务公开，民主管理"难点村"专项治理，解决农村征地拆迁、土地承包等过程中存在的损害农民合法权益的问题。完善城乡社区服务体系，不断提高城乡社区建设的整体水平。

社会主义民主政治，使约占世界人口 1/5 的中国人民，在自己的国家和社会生活中当家做主，享有广泛的民主权利，这是对人类政治文明发展的重大贡献。同时民主需要经历一个长期的发展过程，才能达到完善的程度，民主的实施程度客观上受到社会发展条件的制约。中国目前处于社会主义的初级阶段，经济、文化、教育的发展水平还比较低，人民民主还有许多不够成熟的地方，民主制度也不够健全，人民当家做主的权利在某些方面还没有得到充分实现，有待进一步完善。建设民主政治，中国必须从国情出发，总结经验教训，同时借鉴人类政治文明的有益成果，有条不紊地进行。

二、中国法制不断走向完善

在中国经济不断发展、人民民主权利不断扩大、生活水平日益提高的时候，中国政府逐步加大法制建设的力度，并且制定了依法治国的战略，在制度方面保证人民群众的合法权益和当家做主的权利。

（一）加快立法工作

自新中国成立以来，中国政府先后出台了几百部法律法规。现行宪法及法律共计534 部，行政法规 490 部，司法解释 194 部，部委规章及文件 7 767 部，以及为数众多的地方性法规，在全国人民代表大会的带领和监督下，立法工作进一步加快，使经济建设做到有法可依。

（二）大力推进司法建设

中国的司法体制和制度，是社会主义法制建设的重要组成部分。多年来，中国不断建立和完善司法体制和工作机制，加强司法民主建设，努力实现司法公正，保障公民和法人的合法权益，实现社会公平正义。在人民代表大会制度之下设立专门的审判机关和检察机关，实行审判机关与检察机关分开的司法体制。司法机关以事实为依据，以法律为准绳，严格依法惩治违法犯罪，保障公民合法权益。

中国宪法和法律规定：人民法院、人民检察院依照法律独立行使审判权和检察权，对人民代表大会负责，受人民代表大会监督，不受行政机关、社会团体和个人的干涉；司法机关在法定职权范围内独立进行活动；任何干涉司法机关依法独立行使审判权和检察权的行为，都违反宪法和法律。据此，中国建立了法院依法独立行使审判权进行民事、行政和刑事审判的制度，检察院依法独立行使检察权进行批准逮捕、提起公诉、抗诉、监督法律实施。

2004 年，全国地方各级人民法院依法一审审结刑事案件 644 248 件，民事案件 4 303 744 件，行政案件 92 192 件。全国法院改判裁判确有错误的案件 16 967 件，占全年生效判决总数的 0.34%。检察机关对依法不应当逮捕的嫌疑人决定不准逮捕 68 676 人，作出不起诉决定的 26 994 人，对侦查机关不应当立案而立案的，纠正 2 699 件，改变原处理决定 786 件。

中国依法惩治犯罪，保障公民的生命财产安全和其他各项人权不受侵犯。2009 年，检察机关共批准逮捕各类刑事犯罪嫌疑人 941 091 人，提起公诉 1 134 380 人。各级人民法院审结一审刑事案件 76.7 万件，判处罪犯 99.7 万人，执结各类积案 340.7 万件，依法维护了被害人的合法权益。

（三）政府推进依法行政

1999 年 11 月，国务院颁发《关于全面推进依法行政的决定》，明确了依法行政的任务和要求；2004 年 3 月，印发了《全面推进依法行政实施纲要》，提出了用十年左右时间基本实现建设法治政府的目标。2004 年 7 月 1 日，《中华人民共和国行政许可法》正式实施。这部法律按照合理与合法、效能与便民、监督与责任的原则，确立了行政许可的一系列原则和制度，在要求政府依法行政的同时，突出了政府行使权力的民主内涵。

中国政府积极推进政务公开、健全新闻发言人制度和相关信息公开制度，依法促进公民享有更多的知情权、监督权和参与公共事务的权利。2009 年，各级人民政府部门认真贯彻落实《政府信息公开条例》，进一步丰富行政机关的政府信息公开平台。各级政府新闻发布会制度进一步健全。国务院新闻办公室、各部委各部门以及各省（自治区、直辖市）举办了 1 646 场新闻发布会。中国媒体与网民积极参与公共政策讨论并对政府行为进行监督与批评。2010 年 3 月，财政部等 8 个中央单位先后在各自网站上公布了本年度财政预算，改变了传统行政部门财政的运作方式。公众对此反响热烈，认为这一举措是中国向政治文明迈进的重要一步。

中国政府强调严格按照法定权限和程序行使职权，切实做到严格执法、公正执法、文明执法。中国政府在接受人大、政协、司法、舆论和群众监督的同时，还建立和完善了一系列行政监督制度。按照"谁决策、谁负责"的原则，对超越权限、违反程序决策造成重大损失的，严肃追究决策者责任。

第二节　人民代表大会制度

《中华人民共和国宪法》规定："中华人民共和国的一切权力属于人民。人民行使国家权力的机关是全国人民代表大会和地方各级人民代表大会。"这说明中国政权的组织形式是人民代表大会制度。

一、人民代表大会制度的性质和地位

人民代表大会制度是中国的政权组织形式，是中国的根本政治制度。

全国人民代表大会和地方各级人民代表大会都由民主选举产生，对人民负责，受人民监督。国家行政机关、审判机关、检察机关都由人民代表大会产生，对它负责，受它监督。

（图片来源：新华网）

全国人民代表大会是最高国家权力机关。全国人民代表大会及其常务委员会行使立法权、决定权、任免权、监督权，在国家机构中居于最高地位，其他国家机关不能超越。全国人民代表大会的常设机关是全国人大常务委员会，由委员长、副委员长、秘书长组成委员长会议，处理全国人大常委会的重要日常事务。

地方各级人民代表大会是地方各级国家权力机关。它是本行政区域内人民行使国家权力的机关，本行政区域内的一切重大问题，都由它讨论决定，并由它监督实施。它们与全国人民代表大会一起构成了中国国家权力机关的完整体系。

人大及其常委会集体行使国家权力，严格按照民主集中制的原则办事。宪法规定了人大及其常委会的职权。按照这一规定，全国性的重大问题经过全国人大及其常委会讨论和决定，地方性的重大问题经过地方人大及其常委会讨论和决定，而不是由一个人或少数人决定，确保国家的权力最终掌握在全体人民手中。

按照中国的宪法规定，人民代表大会的职权归纳起来主要有：立法权、决定权、任免权、监督权等。

立法权。全国人民代表大会及其常务委员会行使国家立法权。省、直辖市的人大及其常务委员会在不和国家的宪法、法律相抵触的前提下，可以制定地方性法规，报全国人大常委会备案。

决定权。决定权是宪法和法律赋予各级人大依照法律规定的程序决定国家和社会或本行政区域内重大事项的权力。

任免权。任免权是各级人大及其常委会对相关国家机关领导人员及其组成人员进行选举、任命、罢免、撤职等权力。

监督权。监督权是监督宪法和法律的实施，监督"一府两院"工作的权力。

中国人民代表大会制度的组织和活动的基本原则是民主集中制。这主要表现在：中国的各级人民代表大会都由民主选举产生，对人民负责，受人民监督；人民代表大会集体行使职权，在法律的制定和重大问题的决策上，由人民代表大会充分讨论，实行少数服从多数的原则，民主决定，以此真正集中和代表人民的意愿和利益；在贯彻执行上，实行严格的责任制，保证国家权力机关的决定能够迅速有效地实施。

1992 年 4 月 3 日下午，第七届全国人大五次全体会议审议表决三峡工程议案。出席会议的代表 2 633 人。对此议案的表决结果是：1 767 票赞成，177 票反对，664 票弃权，25 人未按表决器。赞成票占多数，议案通过。这项经过半个世纪的研究和论证的工程，至此终于拍板。三峡工程的拍板定案，是全国人民代表大会贯彻民主集中制原则的具体体现。

二、人民代表是国家权力机关的组成人员

中国各级人民代表大会的代表，由民主选举产生。全国人民代表大会代表是最高国家权力机关的组成人员。地方各级人民代表大会代表是地方各级权力机关的组成人员。他们代表人民的意志和利益，依照宪法和法律赋予的各项职权，参与行使国家权力。人民代表在自己的生产、工作和社会活动中，协助宪法和法律的实施，与人民群众保持密切联系，听取和反映人民群众的意见和要求，努力为人民服务，对人民负责，接受人民监督。

人民代表产生的方式有两种：全国、省、市、自治区、直辖市和设区的市、自治州的人民代表大会代表由下一级人民代表大会选出；县、自治县、不设区的市、市辖区、乡、民族乡、镇的人民代表大会的代表由选民直接选举产生。各级人民代表每届任期5年。

为了保障人民代表参与行使国家权力，中国宪法赋予他们应有的权利和义务。人民代表的权利主要有：发言、表决免责权，即人民代表在人民代表大会、各种会议上的发言和表决，不受法律的追究；提案权，即人民代表有权依照法律规定程序，向人民代表大会提出议案；质询权，即人民代表有权根据法律规定的程序，对政府等机关的工作提出质问并要求答复，等等。

人民代表的义务主要有：模范地遵守宪法和法律；保守国家秘密；密切联系群众，经常听取和反映人民群众的意见和要求；接受选民或是原选举单位的监督，等等。

三、人民代表大会制度的重要意义

人民代表大会制度是人民当家做主的直接体现，它保证了人民群众参与对国家的管理，能够逐步实现人民民主的历史任务。

1982年以来，全国人大及其常委会在制定包括《宪法修正案》、《婚姻法修改草案》、《合同法草案》、《物权法草案》在内的10多项关系到人民切身利益的重要法律草案过程中，都把草案向全民公布征求意见。人民群众直接参与法律的制定，不仅提高了立法质量，使法律能够充分体现人民的意愿和要求，而且增强了全社会的法律意识，草案通过后也能顺利执行。

人民代表大会制度是建立其他有关国家管理制度的基础。在中国，凡属国家管理范围内的一切重要制度，都是由人民代表大会直接或间接创建和决定的。全国人民代

表大会及其常委会拥有立法权，可以通过宪法和制定法律，建立一整套有关国家生活的制度，如国家行政制度、司法制度、财经制度、军事制度、教育制度、婚姻制度等。

当然，中国人民代表大会制度的某些环节和具体操作方式还需要进一步完善。例如，需要进一步完善人民代表的选举，可以适当扩大差额选举的比例，以利于选出最优的代表。需要进一步加强人大的立法和监督的职权，加强立法使国家政治生活、经济生活、社会生活等各个方面做到有法可依。同时，也应进一步完善选民对人民代表的监督，使人民代表能真正反映人民意愿，坚决剔除不合格的人民代表。

第三节　中国的多党合作和政治协商制度

中国是多党派并存的国家。除了执政党中国共产党之外，还有八个民主党派。它们分别是：中国国民党革命委员会（简称"民革"）、中国民主同盟（简称"民盟"）、中国民主建国会（简称"民建"）、中国民主促进会（简称"民进"）、中国农工民主党（简称"农工党"）、中国致公党、九三学社、台湾民主自治同盟（简称"台盟"）。

新中国成立后，在中国共产党的领导下，各个民主党派和共产党一起参加了新中国的革命和建设工作，他们在巩固人民民主、推动社会主义革命、加快中国现代化的建设以及改革事业的发展中，都发挥了巨大的积极作用。

现阶段各民主党派主要以知识分子为主。民革以与国民党有历史联系的人士为主要成员；民盟主要由从事科技和文化教育工作中的高中级知识分子组成；民建主要是经济界人士及有关专家学者；民进党成员主要是以文化、教育、出版界中的中高级知识分子为主；农工党主要是医药卫生界人士；致公党成员以归侨和侨眷为主；九三学社以科技界高中级知识分子为主；台盟主要是台湾省人士。各民主党派都积极参加国家政治生活，为改革开放和社会主义现代化建设事业作出了重要贡献。它们既是中国爱国统一战线的重要力量，也是维护国家安定团结、促进社会主义现代化建设和祖国统一的重要力量。

一、中国共产党领导的多党合作和政治协商制度的基本含义

中国共产党领导的多党合作和政治协商制度是中华人民共和国的一项基本的政治制度。

多党合作制度的含义为：中国共产党是中华人民共和国的唯一执政党，八个民主党派在接受中国共产党领导的前提下，具有参政党的地位，与中国共产党合作，参与

执政。

政治协商制度的含义为：在中国共产党的领导下，各民主党派、各人民团体、各少数民族和社会各界的代表，对国家的大政方针以及政治、经济、文化和社会生活中的重要问题，在决策之前举行协商和就决策执行过程中的重要问题进行协商的制度。政治协商以中国人民政治协商会议为组织形式。

二、多党合作与政治协商制度的基本内容

中国共产党领导的多党合作和政治协商制度作为一项基本的政治制度，它适合了中国的国情，具有鲜明的中国特色。其主要内容包括以下几个方面：

第一，中国共产党是执政党，各民主党派是参政党，共产党和各个民主党派是亲密友好的关系。各个民主党派是参政党，具有法律赋予的参政权。

中国的方针政策和重大改革方案都是中共中央与各民主党派中央经过充分协商提出的。例如，《中共中央关于完善社会主义市场经济体制若干问题的决定》，在提交十六届三中全会审议前，中共中央总书记胡锦涛主持召开了协商会，各民主党派中央领导、全国工商联的负责人畅所欲言，提出修改建议，后经修改定稿，最后按程序审议通过。

第二，多党合作的政治基础是坚持中国共产党的领导和坚持四项基本原则。中国共产党对民主党派的领导是政治领导，即政治原则、政治方向和重大方针政策的领导。四项基本原则即：坚持社会主义道路；坚持马列主义、毛泽东思想；坚持人民民主专政；坚持共产党的领导。四项基本原则是中国的立国之本，是改革开放和现代化建设的政治保证。多党合作以坚持四项基本原则为政治基础。

第三，多党合作的基本方针是"长期共存，互相监督，肝胆相照，荣辱与共"。"长期共存"是指多党合作制度要长期存在和发展下去。"互相监督"是指共产党和各民主党派在坚持四项基本原则基础上互相监督，尤其强调参政党监督执政党。"长期共存"离不开"互相监督"。"肝胆相照，荣辱与共"表明各党派要真诚相见，以诚相待，参政党要和执政党一道经受考验，共同承担国家和民族盛衰兴亡的责任。有了这共同的使命，才能够实行有效的监督，才能使共产党和各民主党派的合作关系得到长期的发展。

第四，中国共产党和各民主党派以宪法和法律为根本活动准则。共产党和各民主党派都受到宪法的承认和保护，都在宪法规定范围内享有政治自由、组织独立和法律平等地位。同时，共产党和各民主党派又必须遵守宪法和法律，在法律允许的范围内开展活动，以宪法和有关的法律为准绳，进行民主协商，互相监督。

三、多党合作的重要机构及其主要职能

中国人民政治协商会议，简称"人民政协"或"政协"，是中国共产党领导的多党合作和政治协商的重要机构，是中国人民爱国统一战线组织，是具有中国特色社会主义的一种重要形式。

政协的主要职能是政治协商、民主监督、参政议政。

1. 政治协商

政治协商是对国家和地方的大政方针以及政治、经济、文化和社会生活中的重要问题在决策之前进行协商和就决策执行过程中的重要问题进行协商。

中国共产党与各民主党派就具体事务进行的协商主要采用以下形式：

民主协商会：中共中央主要领导人邀请各民主党派主要领导人和无党派人士开会，中国共产党领导人就将要提出的重大政策、方针与民主党派人士协商，听取他们的意见。一般每年举行一次。

高层谈心会：中共中央主要领导人根据自己的需要，不定期地邀请各民主党派主要领导人和无党派人士举行小范围的谈心，就共同关心的问题交换意见和看法。

双月座谈会：由中共中央主持，各民主党派、无党派人士参加，通报或交流重要情况，传达重要文件，听取各民主党派、无党派人士提出的政策性建议或讨论某些专题。一般每两个月举行一次，但重大事件随时通报。

还有一种是各民主党派领导人和无党派人士可以随时就国家大政方针和具体的重大问题向中共中央提出书面建议，或约请中共中央负责人交谈。

20 世纪 80 年代多党合作座谈会〔图片来源：新华网〕

2. 民主监督

民主监督是对国家宪法、法律和法规的实施，重大方针政策的贯彻执行，国家机关及其工作人员的工作，通过建议和批评进行监督。

人民政协主要通过召开会议、提交提案、组织委员视察、开展民主评议等形式，对宪法和法律法规的实施、重大方针政策的贯彻执行、国家机关和国家机关工作人员履行职责和遵纪守法等方面的情况进行监督。

3. 参政议政

参政议政是对政治、经济、文化和社会生活中的重要问题以及人民群众普遍关心的问题，开展调查研究，反映社情民意，进行协商讨论。通过调研报告、提案、建议案或其他形式，向中国共产党和国家机关提出意见和建议。

当前国家形势通报会（图片来源：上海政协网）

第八届、第九届政协会议期间，各民主党派和其他各界人士共提出提案29 300多件，视察报告、调研报告或专题建议577件，向中共中央报送反映社情民意的信息14 200多条，为促进重大问题的正确决策和重要工作的开展发挥了重要作用。

截至2004年底，共有3.2万多人在各级政府和司法机关担任县处级以上领导职务。其中，有19人担任最高人民法院、最高人民检察院和中央国家机关有关部委领导职务；全国31个省、自治区、直辖市中，有非中共党员副省长、副主席、副市长27人；全国397个市（州、盟、区）人民政府中有354人担任副市（州、盟、区）长；有19人担任省级法院副院长和检察院副检察长，有87人担任地市级法院副院长和检察院副检察长。他们与中国共产党干部互相支持，在国家机关中发挥着重要作用。

四、多党合作制度和政治协商的积极作用

中国共产党领导的多党合作和政治协商制度是中国的一项基本政治制度，是符合中国国情、具有鲜明中国特色的新型政党制度，在国家政治生活中发挥着重要作用，对中国的发展有着积极的推动作用。

1. 有利于推进中国的民主建设

各个民主党派参与国家大事的协商，进行民主监督，广泛地参政议政，与共产党合作共事，充分调动了他们投身改革和建设的积极性。切实实现了人民当家做主，推进了中国国家政治生活的民主化，体现了社会主义民主的本质。多党合作有利于加强和改善中国共产党的领导，密切执政党和人民大众的关系。同时，社会各阶层的利益和要求能及时地得到反映，有利于国家决策的民主化、科学化。

2009 年，全国政协有关专门委员会积极为立法、执法工作建言献策，如围绕民族区域自治法的贯彻实施深入考察调研，建议建立健全与民族区域自治法相配套的法律体系及相关政策，推动其贯彻落实；建议完善相关法律法规，明确非正常上访的法律概念以及责任主体，将信访工作纳入法制化轨道。另外，还就国务院法制办等单位送来的多部社会建设方面的法律法规草案提出了修改意见。

2. 有利于促进社会主义精神文明和物质文明建设

民主党派成员多具有较高的科学文化水平，是中国物质文明和精神文明建设的一支重要力量。他们围绕着经济建设这一中心，深入开展了一系列调查研究活动，提出一系列有价值、有分量的战略对策和工作建议，为政府决策提供了依据。他们以科研成果推动国家现代化和社会生产力的发展，并开展了经济、科技、教育、医疗、文化等方面的咨询活动；兴办教育、卫生、文化事业，进行智力开发，为现代化建设培养人才；汇集各方力量，以智力支边、支农，促进了少数民族和贫困地区经济的发展；利用与海外的广泛联系，为国家引进境外资金和先进技术，为更好地进行国际经济文化交流创造了有利条件。

截至 2009 年，全国政协共提出提案 5 820 件，经审查立案 5 218 件；编报社情民意信息 267 期，反映民生方面的意见和建议 1 435 条；提交关于中小企业发展、民族地区经济社会发展等方面的视察报告和考察报告 12 份，并与有关部委就视察成果的采纳和落实情况进行交流，在反馈环节上探索建立健全制度。全国政协还就"着力扩大国内需求，保持经济平稳较快发展"、"加快发展方式转变和结构调整，提高可持续发展能力"、"保障和改善民生，促进社会和谐"等重大经济与民生问题召开专题议政

性常委会和专题协商会。

3. 有利于推动中国和平统一大业的实现

在实现中国和平统一的过程中，多党合作显示出特有的作用。由于历史的渊源，民主党派和港澳台同胞有密切的社会联系，他们通过亲朋故旧，向港澳台同胞宣传中国共产党的方针政策和社会主义建设的成就，能够有效消除疑虑，增进了解，沟通感情，增强民族凝聚力，增强中华民族的整体意识和向心力。

第四节　中国的人权建设

一、人权的概念

所谓人权，是指在一定的社会历史条件下，每个人享有或应该享有的基本权利。人权的本质特征和要求是自由和平等，人权的实质内容和目标是人的生存和发展。

人权的范围非常广泛，哪里有人存在，哪里就有人权问题。哪里有权利问题，哪里就必然存在一个平等权利的问题，即人权问题。人权主要包括公民的政治权利和经济、社会、文化权利两大类。

二、中国人权事业的发展

享有充分的人权，是人类长期以来追求的理想。在半殖民地半封建的旧中国，广大人民长期处于帝国主义、封建主义和官僚资本主义的压迫下，毫无人权可言。1949年，新中国成立后，中国政府和人民开展了一系列规模宏大的运动，迅速荡涤了旧社会遗留下来的污泥浊水，建立了促进和保护人权的基本社会政治制度，使国家和社会面貌焕然一新，开创了中国人权发展的新纪元。

半个世纪以来，中国人民在中国政府的领导下，以国家主人的姿态，为消灭贫穷落后，建设富强、民主、文明的国家，实现享有充分人权的崇高理想，进行了长期不懈的探索和矢志不渝的奋斗，使中国的人权状况发生了翻天覆地的变化。2004年3月，中国十届全国人大二次会议审议通过的宪法修正案，将"国家尊重和保障人权"载入宪法，揭开了中国人权事业发展的新篇章。

本节将从以下几个方面对中国人权事业的发展作出大致的介绍。

（一）人民的生存权和发展权

新中国成立50年来，特别是改革开放以来，中国政府始终把解决人民的生存权和发展权问题放在首位，坚持以经济建设为中心，大力发展社会生产力，综合国力显著增强，人民生活水平大幅提高，实现了从贫困到温饱和从温饱到小康的两次历史性跨越。

1952年，中国国内生产总值只有679亿元，全国人民基本处于难以解决温饱的状态。如今，经过几十年的发展，中国的粮食、钢、煤、水泥、化肥、电视机和谷物、肉类、棉花、水果等重要工农业产品的产量已跃居世界第一。粮食、肉、蛋和水产品等人均占有量超过世界平均水平，彻底改变了旧中国多数人口长期处于饥饿半饥饿的状况，创造了以占世界7%耕地解决占世界22%人口吃饭问题的奇迹。

农业大丰收（图片来源：农民日报）

2004年全国农村居民人均纯收入2 936元，实际增长6.8%，是1997年以来增长最快的一年；2005年中国每年新增电话用户9 000万户以上，电话用户总数已超过6.5亿户，互联网用户数超过9 400万户。2009年，中国农村居民的生活条件继续得到改善，其中，农村居民人均纯收入增长到5 153元。此外，中国政府不断完善公共卫生体系，提高人民的健康水平。2009年，中国卫生总费用达17 204.81亿元，占国内生产总值比重达4.96%。人民总体生活水平和质量得到较大提高，社会消费结构继续从基本生活型向现代生活型转变。

同时，中国政府视人民的生命安全高于一切。近年来，国家采取了一系列措施加强安全生产，控制各类事故发生。高度重视抗灾救灾和救济工作，切实解决受灾群众的生存问题。政府加强预警预报、科学调度和有效管理，及时转移群众，抢救伤员，妥善安置灾民。对城市中重病、重残和无经济收入等低保家庭继续给予重点救助。在着力解决就业、医疗、社会保障、教育等关系人民群众切身利益的问题上，取得显著成效。2009年，国家安排就业资金420亿元，比上年增长66.7%。全国城镇新增就业

1 102万人。此外，公民受教育权得到保障。到2009年底，全国普及九年义务教育人口覆盖率达99.7%。

（二）公民权利和政治权利

新中国成立以来，人民的公民权利和政治权利依法得到维护和保障。

目前，中国有99.97%的18岁以上的公民享有选举权和被选举权。在各级人民代表大会中，各地区、各民族及各个阶层、各种团体都有自己一定比例的代表。公民的信息、言论、出版自由依法得到保障。

国务院新闻办公室、国务院各部门和省级政府三个层次的新闻发布体制已基本建立。2004年，国务院44个部门举办了约270场新闻发布会，28个省（自治区、直辖市）召开了460多场新闻发布会，极大地增强了政府工作的透明度和政务信息的公开，公民的知情权、监督权和参与公共事务的权利保障得到了加强。2009年，中国进一步加强民主法治建设，基本形成了以宪法为核心的法律体系和人权保障法律制度。2009年1月至2010年3月，中国全国人大及其常委会共审议了25件法律和有关法律问题的决定草案，通过了18件，修改了《选举法》、《邮政法》等8部法律，进一步加强了人权的立法保障。

同时，执法、司法中的人权保障得到进一步加强。例如，中国依法惩治犯罪，保障公民的生命财产安全和其他各项人权不受侵犯；公安机关坚持执法为民，出台便民利民措施，进一步规范执法；检察机关履行法律监督职责，切实保护公民的权利；在押人员的合法权益依法受到保护等。

（三）对妇女、儿童、残疾人权利的保护

中国妇女在政治、经济、社会、教育和婚姻家庭等方面的权利得到有效促进和保护。妇女参与国家和社会管理的程度明显提高。九届全国人大代表和九届全国政协委员的女性比例分别比上届增加0.8个和2个百分点。目前，全国女公务员人数约占公务员总数的1/3；668个城市中有463名女性当选为正、副市长；全国各省、市、自治区总工会领导班子中均有1至2名女主席或女副主席。

妇女就业人数不断增加，行业分布趋于合理。妇女的受教育水平进一步提高。国家采取各种措施，切实保护妇女各项权利不受侵犯。

儿童权利得到有效保护。国家长期坚持计划免疫预防接种卡片制度，开展对儿童肺炎、腹泻、佝偻病和缺铁性贫血病的防治和爱婴行动，开展营养指导、儿童生长发育监测、新生儿疾病筛查、儿童早期教育等多项卫生保健服务，使儿童发育水平和营养状况不断改善。中国儿童少年基金会募集资金8 100余万元，资助实施"春蕾计划"，使重返校园的失学儿童人数累计突破105万人次。

春蕾计划：救助贫困失学儿童（图片来源：山东蓬莱市政府门户网站）

中国高度重视发展残疾人事业，保障残疾人各项权利。残疾人权益的法制和政策保障得到加强。目前，全国大部分的县、乡镇制定了对残疾人的优惠政策和扶助规定，农村普遍对残疾人实行了税费减免。国家发布了《关于进一步加强扶助贫困残疾人工作的意见》，对贫困残疾人的扶助、社会保障、就业、教育、康复、维权等方面工作进行了全面部署，推动了贫困残疾人的基本生产生活问题的解决。

2008 年 4 月 24 日修订的《残疾人保障法》进一步强化了残疾人权益的法律保障。2009 年，国家发布《残疾人航空运输办法》，为保障残疾人航空运输权利规定了具体措施。同年，成立了首批 56 个残疾人法律救助工作站，直接为残疾人提供法律救助服务。国家新型农村社会养老保险开始试点，明确要求地方政府为农村重度残疾人等缴费的养老保险制度。残疾少年儿童义务教育普及水平稳步提高。国家为 78.5 万人次残疾人提供职业技术培训。普通高等院校录取残疾人考生 7 782 人。

残疾人公共服务得到加强。2009 年已建立托养机构 3 474 个，托养残疾人 11 万人。国家扶持 108.5 万为农村贫困残疾人脱贫，为 10.2 万户农村贫困残疾人家庭实施危房改造，受益残疾人口 14 万人。自 2009 年至 2011 年，国家每年安排 2 亿元专项资金，用于补助各地开展就业年龄段智力、精神和重度残疾人托养的服务工作。

（四）少数民族的平等权利和特殊保护

少数民族平等参与管理国家的权利得到充分保障。目前，中国 155 个民族自治地方的人民代表大会常务委员会中都有少数民族人民担任主任或者副主任，自治区主席、自治州州长、自治县县长全部由自治民族公民担任。目前，全国共有少数民族干部 270 多万人。

国家加大资金的投入，促进少数民族地区经济和社会事业的迅速发展，少数民族人民的生活水平不断改善。

"十五"期间（2001—2005 年），国家安排 50 亿元继续实施第二期国家贫困地区义务教育工程，其中 80% 以上用于西部和民族地区。已投入用于农村中小学危房改造工程 40 亿元，其中的 57% 用在了西部和民族地区。新疆、西藏、宁夏、青海等省区的义务教育阶段学生有 83% 享受免费提供教科书待遇，对西藏农牧区义务教育阶段学生实行包学习、包吃饭、包住宿；新疆的 56 个县全部实行免杂费、免书本费；云南省享受免杂费和免书本费的学生总数为 40.9 万人。

三、中国在人权领域的对外交流与合作

中国一贯支持并积极参与联合国人权领域的活动，积极参与联合国人权机构工作，发挥建设性作用，推动各国以公正、客观和非选择性方式处理人权问题。中国连续当选为 2005 年至 2008 年联合国妇女地位委员会成员国，中国认真履行相关职责，积极参加有关人权议题的审议和讨论，维护《联合国宪章》的宗旨和原则，为促进人权领域的国际合作作出了积极努力。

中国在平等和相互尊重的基础上，积极开展双边人权对话与交流，积极开展人权领域的国际合作。自 2000 年中国与联合国人权事务高级专员办公室签署《合作谅解备忘录》以来，双方开展了一系列人权合作项目。2009 年，中国分别与欧盟、澳大利亚、挪威等举行了人权对话或磋商，与俄罗斯、老挝等国家进行了交流。通过对话与交流，增进了中国与其他国家在人权问题上的相互了解，减少了分歧，扩大了共识。

非政府组织之间的人权对话与交流也非常活跃。中国人权研究会等非政府组织与联合国人权高专办项目评估团、人权会任意拘留问题工作组以及德国、爱尔兰、埃及、越南等国家政府、议会代表团及各国非政府人权组织等，就人权问题进行了广泛的交流与合作。

2004 年底，印度洋发生了有史以来最为严重的海啸灾难，中国政府和人民对受灾国人民的不幸遭遇感同身受，为各国救灾和重建工作提供了真诚的帮助，体现了国际主义和人道主义精神，受到国内外广泛赞誉。

2009 年 2 月，中国首次接受联合国人权理事会国别人权审查。在审议中，中国以严肃和高度负责的态度全面介绍中国人权事业的发展、面临的挑战和努力目标，与各国进行了开放、坦诚的对话。积极参与了 2009 年 4 月召开的联合国反对种族主义世界大会审议会议。在上述机构和会议中，中国维护《联合国宪章》的宗旨和原则，认真履行职责，积极参加有关人权议题的审议和讨论。

实现充分的人权是世界各国的共同追求，也是中国全面建设小康社会、构建社会主义和谐社会的重要目标。中国将与国际社会一道，不断努力，促进中国人权事业的持续进步和国际人权事业的快速发展。

第五节　中国的民族政策

一、中国的民族状况

中国自古就是一个统一的多民族国家。1949 年中华人民共和国成立以来，通过识别并经中央政府确认，中国共有民族 56 个，即汉、蒙古、回、藏、维吾尔、苗、彝、壮、布依、朝鲜、满、侗、瑶、白、土家、哈尼、哈萨克、傣、黎、傈僳、佤、畲、高山、拉祜、水、东乡、纳西、景颇、柯尔克孜、土、达斡尔、仫佬、羌、布朗、撒拉、毛南、仡佬、锡伯、阿昌、普米、塔吉克、怒、乌孜别克、俄罗斯、鄂温克、德昂、保安、裕固、京、塔塔尔、独龙、鄂伦春、赫哲、门巴、珞巴和基诺族。其中，汉族人口占绝大多数，其他 55 个民族人口相对较少，习惯上称为"少数民族"。

新中国成立 60 多年来，中国的少数民族人口持续增加，占全国人口比重呈上升之势。少数民族人口 1953 年为 3 532 万人，占全国总人口的 6.06%；2000 年为10 643万人，占 8.41%。各少数民族人口数量相差较大，如壮族有 1 700 万人，而赫哲族只有 4 000 多人。

中国 55 个少数民族，几乎都有本民族的语言，但只有 21 个民族有自己的文字。少数民族一般多信仰宗教，世界上的三大宗教：伊斯兰教、佛教、基督教，对中国少数民族都有影响。各个少数民族的风俗习惯也不一样，表现在穿戴、饮食、居住、婚丧、嫁娶、节日、娱乐、禁忌等各个方面，都有自己的特点。

二、少数民族分布特点

中国少数民族的地区分布有如下四个特点：

第一，分布地区广，占地面积大。

第二，大杂居，小聚居，交错杂居。中国各民族的人口分布呈现大散居、小聚居、交错杂居的特点。汉族地区有少数民族聚居，民族地区也有汉族居住，你中有我、我中有你；许多少数民族既有一块或几块聚居区，又散居全国各地。西南和西北是少数民族分布最集中的两个区域。西部 12 个省、自治区、直辖市居住着全国近 70% 的少数民族人口。

第三，资源、物产十分丰富。

第四，靠近边疆，人口稀少，相对落后。

三、中国的民族政策

中华民族有着悠久的历史。从遥远的古代起，中华各民族人民的祖先就劳动、生息、繁衍在我们祖国的土地上，共同为中华文明和建立统一的多民族国家而贡献自己的才智。

新中国成立前，绝大多数民族地区生产力水平极度低下，经济社会发展相当落后，基础设施建设很差。当时的新疆没有一寸铁路，西藏没有一条公路，云南山区的一些少数民族出行靠马匹或是铁索。少数民族群众主要从事传统的农牧业，一些地区还处在"刀耕火种"的原始状态，部分地区铁器尚未得到普遍使用，有的地方甚至还在使用木器、石器。少数民族群众的生活十分困苦，特别是广大山区和荒漠地区的少数民族，普遍缺吃少穿，几乎年年都有几个月断粮，吃野果充饥，披蓑衣御寒。少数民族发展受到严重阻碍，有的民族甚至濒临灭绝，新中国成立之初赫哲族只有300多人。新中国的少数民族和民族地区经济社会建设，就在这样极端落后的基础上起步。

为促进少数民族政治、经济、文化等各项事业的全面发展，中国政府制定了一系列民族政策。保证各民族之间团结友爱，共同促进中国的繁荣富强。

中国政府的民族政策主要有以下几项：

（一）坚持民族平等、民族团结的原则

《中华人民共和国宪法》规定："中华人民共和国各民族一律平等。"民族平等，是中国民族政策的基石。民族团结，是中国处理民族问题的根本原则，也是中国民族政策的核心内容。民族平等是指各民族不论人口多少、经济社会发展程度高低、风俗习惯和宗教信仰异同，都是中华民族大家庭的平等一员，具有同等的地位，在国家社会生活的一切方面，依法享有相同的权利，履行相同的义务，反对一切形式的民族压迫和民族歧视。民族团结是指各民族在社会生活和交往中平等相待、友好相处、互相尊重、互相帮助。民族平等是民族团结的前提和基础，没有民族平等，就不会实现民族团结；民族团结则是民族平等的必然结果，是促进各民族真正平等的保障。

新中国成立前，四川等地的彝族地区大约100万人保留着奴隶制度，西藏、云南西双版纳等地区大约有400万人保留着封建农奴制度。这些地区的少数民族群众大都附属于封建领主、大贵族、寺庙或奴隶主，可以被任意买卖或当作礼物赠送，没有人身自由。新中国为了保障人权，于20世纪50年代对这些地区进行了民主改革，废除了奴隶制和封建农奴制，广大农奴和奴隶获得了人身自由，成为新社会的主人。

（二）实行民族区域自治政策

民族区域自治，是中国政府解决民族问题采取的一项基本政策，也是中国的一项重要政治制度。民族区域自治是在国家的统一领导下，在各少数民族聚居的地方实行民族区域自治，设立自治机关，行使自治权，少数民族人民当家做主，自己管理本自治地方的内部事务。

中国实行民族区域自治，是尊重历史、合乎国情、顺应民心的必然选择。第一，从历史传统来说，统一多民族国家的长期存在，是实行民族区域自治的历史渊源。第二，从民族关系来说，在中华民族多元一体格局中，各民族之间密切而广泛的联系，是实行民族区域自治的经济文化基础。第三，从民族分布来说，中国各民族的大杂居、小聚居的分布特点，以及自然、经济、文化的多样性和互补性，是实行民族区域自治的现实条件。

实行民族区域自治，有利于把国家的集中、统一与各民族的自主、平等结合起来，有利于把国家的法律政策与民族自治地方的具体实际、特殊情况结合起来，有利于把国家的富强、民主、文明、和谐与各民族的团结、进步、繁荣、发展结合起来，有利于把各族人民热爱祖国的感情与热爱自己民族的感情结合起来。在统一的祖国大家庭里，中国各民族既和睦相处、和衷共济、和谐发展，又各得其所、各尽其能、各展所长。

新中国成立后，中国政府开始在少数民族聚居的地方全面推行民族区域自治。截至 2008 年底，全国共建立了 155 个民族自治地方，包括 5 个自治区、30 个自治州、120 个自治县（旗）。2000 年第五次全国人口普查结果表明，55 个少数民族中，有 44 个建立了自治地方，实行区域自治的少数民族人口占少数民族总人口的 71%，民族自治地方的面积占全国国土面积的 64%。此外，中国还建立了 1 100 多个民族乡，作为民族区域自治制度的补充。

《中华人民共和国立法法》还规定：自治条例和单行条例可以依照当地民族的特点，对法律和行政法规的规定作出变通规定。截至 2008 年底，民族自治地方共制定了 637 件自治条例、单行条例及对有关法律的变通或补充规定。民族自治地方根据本地实际，对国家颁布的婚姻法、继承法、选举法、土地法、草原法等多项法律作出变通和补充规定。

（三）充分发展少数民族地区经济、文化、教育事业

中华人民共和国成立后，国家尽一切努力，促进各民族的共同发展和共同繁荣。国家根据少数民族地区的实际情况，制定和采取了一系列特殊的政策和措施，帮助、扶持少数民族地区发展经济，并动员和组织汉族发达地区支援少数民族地区。国家在制定国民经济和社会发展计划时，有计划地在少数民族地区安排一些重点工程，调整

少数民族地区的经济结构，发展多种产业，提高综合经济实力。

近年来，为加快少数民族和民族地区的经济发展，国家采取了三项措施：

1. 实施西部大开发战略

西部大开发就是民族地区大开发，通过加大投资政策方面的优惠政策加快民族地区发展。目前，5个自治区、30个自治州、120个自治县全部纳入西部大开发范围或者参照享受西部大开发的有关优惠政策。西部大开发为民族地区带来了看得见、摸得着的实惠。

截至2008年，西部大开发以来，民族地区固定资产投资累计达到77 899亿元。其中，2008年达18 435亿元，比2000年增长5倍，年均增长23.7%。建成了"西气东输"、"西电东送"等一批重点工程，修建了一批机场、高速公路、水利枢纽等基础设施项目。2007年，青藏铁路铺轨到拉萨，结束了西藏没有铁路的历史。青藏铁路的建成，从根本上改变了西藏交通落后的状况，使西藏与内地之间有了一条经济、快速、全天候、大能力的运输通道，为西藏经济腾飞插上了翅膀。

西部大开发：青藏铁路（图片来源：新华网）

2. 开展"兴边富民行动"

实施的范围包括分布在我国2.2万千米陆地边界线上的135个县（旗、市）。主要内容有3个方面：加大基础设施建设、大力培育县城经济增长机制以及努力提高人民生活水平。

2008年，民族地区经济总量由1952年的57.9亿元增加到30 626.2亿元，按可比价格计算，增长了92.5倍；城镇居民人均可支配收入由1978年的307元增加到13 170元，增长了30多倍；农牧民人均纯收入由1978年的138元增加到3 389元，增长了19倍。内蒙古经济发展速度连续7年居全国之首，新疆经济发展速度连续6年保持两位数增长。西藏生产总值达到 395.91 亿元，比 1959 年增长了 65 倍。

3. 重点扶持 22 个人口较少民族的发展

人口较少民族指人口在 10 万人以下民族，全国有 22 个，总人口不足 60 万人。由于历史、地理等方面原因，这些民族发展程度较低。今后 10 年内，国家计划每年投入 5 亿元帮助其发展。

在发展少数民族教育事业方面，国家坚持从少数民族的特点和民族地区的实际出发，积极支持和帮助少数民族发展教育事业。赋予和尊重少数民族自治地方自主发展民族教育的权利，重视民族语文教学和双语教学，加强少数民族师资队伍建设，在经费上给予特殊照顾，积极开展内地省市对少数民族地区教育的对口支援等。重点培养、培训少数民族科技人员，帮助少数民族和民族地区引进人才和先进技术设备，改造传统产业与产品，扶植提高传统科技，提高经济效益等。

（四）尊重少数民族风俗习惯与宗教信仰

中国各少数民族都有自己的风俗习惯，表现在服饰、饮食、居住、婚姻、礼仪、丧葬等多方面。国家尊重少数民族的风俗习惯，少数民族享有保持或改革本民族风俗习惯的权利。中国少数民族群众大多有宗教信仰，中国政府保护少数民族信仰自由。

实践证明，中国的民族政策是成功的，走出了一条符合自己国情的解决民族问题和实现各民族共同发展、共同繁荣的正确道路。中国政府相信，随着国家改革开放和现代化建设事业的发展，中国各民族必将得到更快、更好的发展，中国各民族平等、团结、互助的关系必将得到进一步巩固和发展。

第六节　中国宗教概况

一、中国的宗教现状

据不完全统计，中国现有各种宗教信徒一亿多人，宗教活动场所 8.5 万余处，宗教教职人员约 30 万人，宗教团体 3 000 多个。宗教团体还办有培养宗教教职人员的宗教院校 74 所。信奉的主要有佛教、道教、伊斯兰教、天主教和基督教。

佛教在中国已有 2 000 年历史。现在中国有佛教寺院 1.3 万余座，出家僧尼约 20 万人。道教为中国本土的宗教，已有 1 700 多年历史。中国现有道教宫观 1 500 余座，乾道、坤道 2.5 万余人。伊斯兰教于公元 7 世纪传入中国。伊斯兰教为中国回族、维吾尔族等 10 个少数民族中的群众所信仰。这些少数民族总人口约 1 800 万，现有清真寺 3 万余座。天主教自公元 7 世纪起传入中国，1840 年鸦片战争后大规模传入。中国现有天主教徒约 400 万人，教职人员约 4 000 人，教堂、会所 4 600 余座。基督教（新教）于公元 19 世纪初传入中国，并在鸦片战争后大规模传入。中国现有基督徒约 1 000 万人，教牧传道人员 1.8 万余人，教堂 1.2 万余座，简易活动场所（聚会点）2.5 万余处。

在中国，全国性的宗教团体有中国佛教协会、中国道教协会、中国伊斯兰教协会、中国天主教爱国会、中国天主教主教团、中国基督教三自爱国运动委员会、中国基督教协会等。各宗教团体按照各自的章程选举产生领导人和领导机构。

中国各宗教团体自主地办理教务，并根据需要开办宗教院校，印刷发行宗教经典，出版宗教刊物，兴办社会公益事业。中国与世界许多国家一样，实行宗教与教育分离的原则，在国民教育中，不对学生进行宗教教育。部分高等院校及研究机构开展宗教学的教学和研究。在各宗教组织开办的宗教院校中，根据各教需要进行宗教专业教育。宗教教职人员履行的正常教务活动，在宗教活动场所以及按宗教习惯在教徒家里进行的一切正常的宗教活动，如拜佛、诵经、礼拜、祈祷、讲经、讲道、弥撒、受洗、受戒、封斋、过宗教节日、终傅、追思等，都由宗教组织和教徒自理，受法律保护，任何人不得干涉。

在中国，各种宗教地位平等，和谐共处。信教与不信教的公民之间也彼此尊重，团结和睦。这既是由于源远流长的中国传统思想文化中兼容、宽容等精神的影响，同时由于中国政府制定和实施宗教信仰自由政策，建立起了符合国情的政教关系。在漫长的历史发展中，宗教文化已成为中国传统思想文化的一部分。中国的宗教徒有爱国爱教的传统。中国政府支持和鼓励宗教界团结信教群众积极参加国家的建设。

西藏民众在从事正常的宗教活动（图片来源：网易）

二、中国的宗教信仰自由政策

《中华人民共和国宪法》第三十六条规定："中华人民共和国公民有宗教信仰自由。任何国家机关、社会团体和个人不得强制公民信仰宗教或者不信仰宗教，不得歧视信仰宗教的公民和不信仰宗教的公民。"宗教信仰自由是中国公民的一项基本权利，公民的宗教信仰自由权利受到宪法和法律的保护。

中国的《民族区域自治法》、《民法通则》、《教育法》、《劳动法》、《义务教育法》、《人民代表大会选举法》、《村民委员会组织法》、《广告法》等法律还规定：公民不分宗教信仰都享有选举权和被选举权；宗教团体的合法财产受法律保护；教育与宗教相分离，公民不分宗教信仰依法享有平等的受教育机会；各民族人民都要互相尊重语言文字、风俗习惯和宗教信仰；公民在就业上不因宗教信仰不同而受歧视；广告、商标不得含有对民族、宗教歧视性内容。《宗教活动场所管理条例》规定：宗教活动场所由该场所的管理组织自主管理，其合法权益和该场所内正常的宗教活动受法律保护，任何组织和个人不得侵犯和干预。侵犯宗教活动场所的合法权益将承担法律责任。在宗教活动场所进行宗教活动也必须遵守法律、法规。

中国政府尊重在中国境内的外国人的宗教信仰自由，保护外国人在宗教方面同中国宗教界进行的友好往来和文化学术交流活动。同时外国人在中国境内进行宗教活动，应当遵守中国的法律、法规。

中国的宗教坚持独立、自主、自办的原则，在平等友好的基础上积极与世界各国宗教组织进行交往和联系。中国基督教和天主教与世界上许多国家教会建立了友好往来关系。1991年2月，中国基督教协会正式加入"世界基督教教会联合会"。中国天主教还先后派代表出席了"第五届'宗教与和平'国际会议"和"世界天主教青年大会"等一些国际宗教会议。近年来，中国教会向国外选派了相当数量的留学生，并聘请外国教师和学者到国内的神学院校讲学。中国佛教、道教和伊斯兰教的国际友好交往也日益扩大。

三、对少数民族宗教信仰自由权利的保护

中国是一个统一的多民族国家。中国政府坚持各民族平等、团结、互助的民族政策，尊重和保护少数民族宗教信仰自由的权利和风俗习惯。保护少数民族文化遗产，对各民族包括宗教文化在内的文化遗产和民间艺术进行普查、收集、整理、研究和出版。国家投入大量资金用于维修少数民族地区具有重要历史、文化价值的寺庙和宗教设施。

西藏是中国的一个民族区域自治地方。藏族多数群众信奉藏语系佛教。目前，西藏有1 700多处佛教活动场所，住寺僧尼46万多人。信教者家中几乎都设有小经堂或佛龛，每年到拉萨朝佛敬香的信教群众达百万人以上。西藏处处可见从事佛事活动的信教群众，到处悬挂着经幡，堆积着刻有佛教经文的玛尼石。一年一度的雪顿节中的宗教活动都得以正常进行，并受到社会各方面的尊重。

活佛转世是藏传佛教特有的传承方式，得到了国家的承认和尊重。1992年，国务院宗教事务局批准了第十七世噶玛巴活佛的继任。1995年，中国严格按照宗教仪轨和历史定制，经过金瓶掣签，报国务院批准，完成了十世班禅转世灵童寻访、认定以及第十一世班禅的册立和坐床。这些举措充分反映了藏族群众宗教信仰自由权利受到尊重和保护，得到了西藏广大信教群众的拥护和支持。

中国政府历来尊重和保护穆斯林群众的宗教信仰自由和风俗习惯。对穆斯林的朝觐，政府有关部门提供了各种服务，受到穆斯林的称赞。20世纪80年代以来，中国赴麦加朝觐的穆斯林有4万多人。在新疆，现有清真寺达2.3万多座，宗教教职人员2.9万人，满足了信教群众过宗教生活的需要。中国政府也十分尊重信奉伊斯兰教的少数民族的饮食习惯和丧葬仪式，制定生产清真食品的法规，开辟穆斯林公墓。

穆斯林在清真寺做礼拜（图片来源：中国新闻网）

中国坚持宗教信仰自由政策，同时坚决反对利用宗教狂热来分裂人民、分裂国家、破坏各民族之间团结的民族分裂主义，坚决反对利用宗教进行非法活动和恐怖主义活动，坚决维护国家统一和少数民族地区的社会稳定，保护少数民族信教群众正常的宗教活动。

事实充分证明，新中国成立以来，特别是改革开放三十多年来，中国人民的人权状况得到了极大的改善，宗教信仰自由的权利也得到充分的尊重和保护。中国政府将一如既往地在维护人权包括保护宗教信仰自由方面作出更大的努力。

第七节　中国的侨务政策

一、华侨华人史概要

中国人移居海外的历史由来已久，公元前3世纪，秦始皇派人东渡日本，被视为中国早期较大规模的海外移民。鸦片战争后，数以百万计的中国人被运到世界各地充当劳工。民国期间，海外华人社会得到进一步发展，至"二战"爆发前，其人口总数达到近800万人；至1990年前后，世界海外华人的数量已达3 700万；时至今日，海外华人已经多达4 000余万人。分布在世界150个国家和地区。

我们一般可以把华人分为四种类型：

（1）华商。在华人迁移的整个历史进程中，华商一直是华人迁移的主要形式。

（2）华工。即所谓的"中国苦力"，产生于19世纪20年代到20世纪20年代之间，他们多数在合同结束后就返回中国。

（3）华侨。指在海外作短期逗留的华人。

（4）华裔。即海外华人的后代。

中国的海外华侨华人大多来自中国的广东、福建两省，其次是沿海的浙江、江苏。中国海外侨胞人数众多，集中于东南亚，遍布全世界。目前华侨华人分布的重心逐步由发展中国家转移到发达国家。1978年以来，被正式批准出境赴海外的几百万人中，至少有一半以上选择在美国、加拿大、澳大利亚等发达国家旅居或定居。

二、中国侨务政策的发展和演变

新中国成立至今，中国侨务政策以1978年十一届三中全会为界，划分为前后两个时期。

新中国成立之初，西方国家对新中国实行军事包围和经济封锁，同时煽动华侨集中的东南亚国家掀起排华恶浪。大量华侨被残酷驱赶或迫害，生存遭到严重威胁。毛泽东的侨务方针政策就是在这一国际背景下制定的：保护华侨正当权益，调动华侨和归侨、侨眷的积极性，加速中国社会主义建设；并以华侨为桥梁，增进侨居国同中国的友好关系，反对美国的战争政策，保证世界和平。

中国政府为了处理好与海外华侨华人所在国的外交关系，尤其是为了处理好与东南亚各国的"睦邻"关系，为了鼓励海外华侨华人尽可能顺利地融入当地社会，积极、主动地解决海外华侨华人的"双重国籍"问题，正式表明中国政府不承认"双重国籍"的立场，鼓励海外华侨自愿选择或加入所在国国籍。同时宣布根据国际法和国际法惯例对保留中国国籍的海外华侨给予保护。

1978 年以后，中国政府对外开放政策全面实施，对外交流"全方位"展开，出入境限制逐步放宽，中国大陆出现了一轮"出国热"，出国并旅居、定居海外的人数逐年递增。在邓小平的直接推动下，国务院侨务办公室成立。工作对象和工作重心都发生了比较大的变化，由"为华侨服务"转变为"为华侨华人服务"。随后，省、市、自治区一级至县一级的侨务办公室也纷纷设立，乡、镇一级甚至村、街道也都设立了专门的机构或专人负责侨务工作。目前，中央一级的侨务工作机构有五个：全国人民代表大会华侨委员会、全国人民政治协商会议港澳台侨委员会、国务院侨务办公室、中华全国归国华侨联合会、中国致公党。

中华民族一直有着"爱国爱乡，造福桑梓"的优良传统。1978 年以来，中国对外经济联系和文化交流空前加强。2010 年，中国大陆出入境人总数突破 3.82 亿人次。海外华侨华人群体利用自身的经济优势，积极为中国的对外开放和现代化建设事业贡献力量，成为中国经济发展的一支重要建设力量。

三、中国当前的侨务政策

海外华侨华人以及归侨、侨眷在中国的经济建设和全面发展中作出了重要的贡献，他们积极关心中国的发展，为中国快速地发展提供了巨大的支持，同时他们也是中国振兴中华、统一祖国、加强中国人民与世界各国人民友好往来的重要力量。随着形势的发展，海外华侨华人和中国联系的加强，特别是市场经济体制逐步建立和完善以及中国经济的快速发展，中国的侨务工作面临新的形势，中国的侨务总方针始终坚持不变，并结合侨务工作的经验，制定了一系列法律法规，实施外交努力，保护华侨华人的权益。

中国目前的侨务工作主要归纳为三个方面：

1. 建立健全保护海外华侨华人的法律系统

1991 年，中国政府制定《中华人民共和国归侨侨眷权益保护法》（2000 年修订）。这是侨务工作开展以来，中国政府制定的第一部最为系统完整的法律。法律规定：国家根据实际情况和归侨、侨眷的特点，给予适当照顾，国家对回国定居的华侨给予安置。归侨、侨眷依法成立的社会团体的财产受法律保护，任何组织或者个人不得侵犯。1993 年又颁布《中华人民共和国归侨侨眷权益保护法实施办法》，各省、市、自治区也都以地方人民代表大会立法的形式出台了实施《中华人民共和国归侨侨眷权益保护法》的具体措施。

2. 引导海外华侨华人为中国的改革开放和现代化建设事业服务

随着中国大陆对外开放的力度逐步加大，海外华侨华人来中国大陆直接投资的规模也在逐步扩大。1993 年，中国吸收的海外华侨华人资本投资总量已经跃居世界发展中国家的第一位。自 1978 年至 2004 年，中国年均经济增长速度达到 9.4%，综合国力和国际地位、国际形象全面提升。海外华侨华人对中国经济的快速增长作出了巨大贡献。

在 5·12 汶川大地震发生后，华侨华人心系祖国，慷慨捐赠（图片来源：新华网）

3. 联合华侨华人为中国的和平统一大业服务

中国政府一直高度重视海外华侨华人在实现和平统一事业中的特殊地位和作用。1978 年以来，新中国改革开放和现代化建设的"总设计师"邓小平把"中华民族"概念的内涵延伸为海内外一切具有中华民族血统的人，提出了"争取整个中华民族的大团结"的口号。他指出："大陆同胞，台湾、香港、澳门的同胞，还有海外华侨，大家都是中华民族的子孙。我们要共同奋斗，实现祖国统一和民族振兴。"

改革开放和现代化建设的巨大成就全面提升了中国的综合国力、国际地位以及国际形象，尤其是世纪之交的 1997 年香港回归、1999 年澳门回归、2001 年中国成功加入世界贸易组织、"神舟"系列载人航天飞行成功以及 2008 年北京成功举办奥运会等重大事件，都极大增强了海外华侨华人的民族自豪感和民族凝聚力。积极的侨务政策加强了华侨华人与祖国的联系，促进了中华民族的快速发展。

思考题

1. 中国人权建设的发展主要表现在哪些方面？
2. 中国对待少数民族采用怎样的政策？
3. 谈谈你的国家实行的是什么样的政治制度，和中国的政治制度比较一下优缺点。

第四章 当代中国的经济状况

1840 年鸦片战争以后，中国逐渐沦为半殖民地半封建社会，国运衰微，民不聊生，经济上基本是西方列强的附庸，承受着西方列强对中国的巧取豪夺。1949 年新中国成立之初，由于战争的长期破坏，中国经济更是处于崩溃的边缘。新中国政府领导中国人民进行了经济的全面恢复和建设，如今中国经济取得了举世瞩目的伟大成就。本章从中国的基本经济制度、分配制度以及市场经济体制的发展和完善等几个方面，介绍目前中国经济方面的基本情况。

第一节 中国的基本经济制度

一、中国经济发展的现状

1949 年新中国成立后，中国共产党带领全国人民艰苦奋斗，经过半个多世纪的努力，经济情况由新中国成立之初的全面崩溃状态到现在的全面发展、全面繁荣，中国经济发生了翻天覆地的变化。

在工业方面，1949 年我国钢产量只有 15.8 万吨，不到世界产量的千分之一，原油产量只有 12 万吨，1959 年汽车产量只有 1.6 万辆。1978 年改革开放后，中国工业一直保持高速增长。自 1996 年以来，钢、煤、水泥、农用化肥、电视机的产量一直居世界第一位。机械、汽车、能源等各个方面都发展迅速。2003 年，全国国有工业企业及年产品销售收入 500 万元以上的非国有工业企业完成增加值 41 045 亿元，实现利润 8 152 亿元，分别比上年增长 17% 和 42.7%，呈现出速度与质量、效益同步发展的良好局面。2008 年粗钢产量突破 5 亿吨，占全球产量的近 40%；原油产量接近 1.9 亿吨，是 1949 年的 1 500 多倍。汽车产量逼近千万辆大关。中国轻工产品目前出口到世界 200 多个国家和地区，中国已成为许多轻工商品的国际制造中心和采购中心，成为重要国际贸易集散地和供应地。目前我国自行车、缝纫机、电池、啤酒等 100 多种产品的产量居世界第一，家电、皮革、家具、羽绒制品、陶瓷、自行车等产品占国际市场份额的 50% 以上。

2006 年 5 月三峡大坝全线建成（图片来源：新华社）

　　在农业方面，中国 7% 的耕地，养活了全球约 1/5 的人口。随着生产的发展，农产品人均占有量也明显提高。2002 年，粮食人均占有量为 357 千克，猪牛羊肉、牛奶和水产品人均占有量分别为 40.8 千克、10.2 千克和 35.6 千克，已超过世界平均水平。目前，中国大多数农产品已由供给长期短缺向总量大体平衡、丰年有余的新阶段迈进。农业生产开始向机械化、现代化转变。同时中国农村的乡镇企业也在国家的支持下发展起来，给国民经济注入了巨大的活力。

　　2009 年粮食种植面积 10 897 万公顷，全年粮食产量 53 082 万吨，比上年增加 211 万吨，增产 0.4%。全年棉花产量 640 万吨，全年肉类总产量 7 642 万吨，比上年增长 5.0%。禽蛋产量 2 741 万吨，增长 1.4%。水产品产量 5 120 万吨，增长 4.6%。

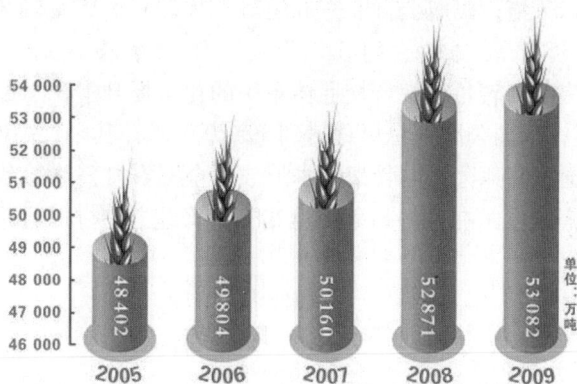

2005—2009 年我国粮食产量（图片来源：新华社）

在金融方面，中国已形成了银行、证券、保险等功能齐全、分工合作、多层次、政策性金融和商业性金融协调发展的金融机构体系。截至 2004 年末，全国共有各类金融机构法人 35 000 余家，主要包括 4 家国有商业银行、3 家政策性银行、11 家股份制商业银行、112 家城市商业银行、723 家城市信用社、4 家资产管理公司、3 家农村商业银行、33 965 家农村信用社、199 家外资银行营业机构、59 家信托投资公司、133 家证券公司和 69 家保险公司等。

2009 年农村金融合作机构（农村信用社、农村合作银行、农村商业银行）人民币贷款余额 4.7 万亿元，比年初增加 9 727 亿元。全部金融机构人民币消费贷款余额 5.5 万亿元，增加 17 976 亿元。上市公司通过境内市场累计筹资 3 653 亿元，比上年增加 1 255 亿元。

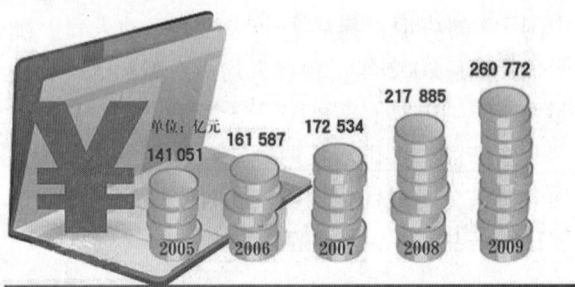

2005—2009 年城乡居民人民币储蓄存款余额（图片来源：新华社）

在交通方面，中国民航业"十一五"期间航空业务规模快速增长，成为全球第二大航空运输系统。统计数据显示，到 2009 年底，中国民航运输机队总量达到 1 610 架，是 2005 年的 1.87 倍；民航全行业完成运输总周转量 505 亿吨公里，旅客运输量达到 2.7 亿人次，货邮运输量达到 520 万吨，年均增长分别为 14.1%、14% 和 11.1%；航空运输旅客周转量在综合交通体系中的比重提升了 3 个百分点。

到 2010 年年底，全国公路网总里程达到 395 万千米，其中，高速公路通车总里程达到 7.3 万千米，国家高速公路网骨架基本形成。全国农村公路通车里程到 2009 年底达到 345 万千米，广大农民在家门口就有路走，有车坐，"村村通"成为广大百姓最欢迎的"德政工程"。

中国交通建设发展迅速（图片来源：中国交通报）

　　中国铁路自 1998 年以来，成功地实施了四次大面积提速，提速延展里程达到 1.3 万千米。截至 2009 年底，包括京沪高速铁路等在建铁路重点工程有 274 项，我国铁路运营里程达到 8.6 万千米，位居世界第二。按照国际通行的定义，其中投入运营的高速铁路已经达到 6 552 营业千米，居世界第一位，并且形成了独有的运营模式。时速 200 至 350 千米的高速铁路有 3 676 营业千米。到 2012 年，中国铁路营业里程将达到 11 万千米，电气化率、复线率将达到 50%，以"四纵四横"客运专线为骨架的高速铁路里程达到 1.3 万千米，发达完善的铁路网初具规模，铁路运输瓶颈制约基本缓解。

　　在对外贸易方面，中国 1978 年世界贸易排名第 32 位、1989 年第 15 位、1997 年第 10 位、2001 年第 6 位。据海关统计，2010 年，中国货物进出口贸易总额达 2.97 万亿美元，比 2009 年增长 34.7%，规模跃居世界第一。目前，与中国开展贸易往来的国家和地区共有 220 多个，十大贸易伙伴为：日本、美国、欧盟、香港特别行政区、东盟、韩国、台湾省、澳大利亚、俄罗斯和加拿大。

2005—2009 年国家外汇储备的变化（图片来源：新华社）

截至2010年，中国经济总量为397 983亿元，比上年增长10.3%，增速比上年加快1.1个百分点。城乡居民人均收入分别为19 109元、5 919元，比上年分别实际增长7.8%和10.9%。这是自1998年以来，中国农村居民人均纯收入实际增长速度首次超过城市。全国粮食总产量达到54 641万吨，比上年增长2.9%，连续7年增产。国有固定资产投资278 140亿元。财政收入突破8万亿元，同比增长21.3%。

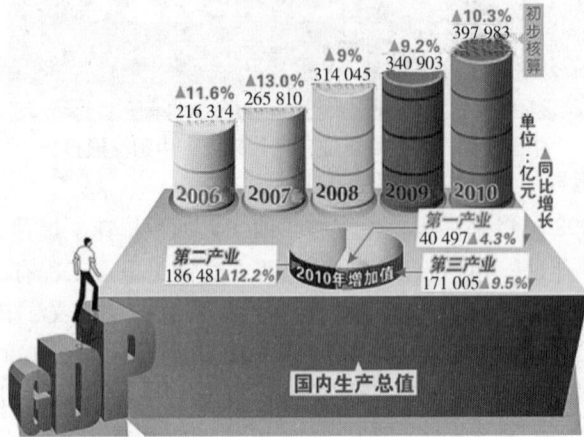

中国2006—2010年经济发展数据（图片来源：新华社）

二、中国的经济制度

中国实行以公有制为主体、多种所有制经济共同发展的经济制度。公有制是社会主义经济制度的基础。

在中国，公有制经济包括国有经济、集体经济以及混合所有制经济中的国有成分和集体成分。

国有经济，亦称全民所有制经济，是生产资料归全体人民所有（以国家所有的形式存在）的一种公有制经济。它是同社会化大生产相适应的。国有经济的范围包括：矿藏、河流和国有土地、森林、草原、滩涂等自然资源，以及国有的工厂、农场、铁路、公路、邮电、商业等企业，还包括混合所有制经济中的国有成分。

国有经济在国民经济中起主导作用，这种作用主要体现在控制力上。第一，对关系国民经济命脉的重要行业和关键领域，如金融、通信、铁路、航空、电力、石油、天然气、冶金、化工等，国有经济占支配地位；第二，国有经济要提高自己的整体质量和竞争力，引导和影响其他所有制经济的发展，并在国内外竞争中不断壮大。发展壮大国有经济，国有经济控制国民经济的命脉，对于增强中国的经济实力、国防实力和民族凝聚力，具有关键性作用。

自改革开放以来，随着非公有制经济的发展，国有经济在国民经济中的比重有所下降，但在关系国家命脉的重要行业和关键领域，国有及国有控股企业均占支配地位。截至 2002 年 7 月，国有经济在下列领域按销售收入计算所占的比重，分别是：石化 69.3%，石油 92.1%，电力 90.6%，汽车 72.0%，冶金 64.4%，铁路 83.1%，兵器 99.5%，船舶与航天 84.5%。在关系国家综合经济实力的重要基础建设和高新技术产业，如集成电路、生物医药等，国有及国有控股企业也占了大多数。

集体经济，即劳动群众集体所有制经济，是生产资料归部分劳动者共同所有的一种公有制经济。它是公有制经济的重要组成部分。

在中国，农业、工业、商业、服务业中都广泛地存在着集体经济，其具体形式包括农村中的生产、供销、信用、消费等各种形式的合作经济，集体工业企业，集体商业企业，劳动者的劳动联合和资本联合为主的股份合作制企业，以及混合所有制经济中的集体成分等。

集体所有制经济把分散的生产资料和劳动力组织起来，有助于克服个体经济力量单薄、无力抵御自然灾害和意外事故的弱点；集体经济是独立的经济单位，有充分的自主权，因而经营方式比较灵活，对市场有比较强的适应性，可以为社会提供更多的产品和服务；集体经济体现共同富裕的原则，可以广泛吸收社会分散资金，缓解就业压力，增加公共积累和国家税收。因此，必须支持和帮助集体经济的发展。

目前，中国的农村集体经济实行以家庭承包经营为基础，统分结合的双层经营体制。一方面，在坚持土地、农田水利设施等基本生产资料集体所有的前提下，农户与集体签订合同，承包一定的土地或生产任务，根据劳动成果取得收入；另一方面，把集体统一经营和家庭分散经营结合起来，宜统则统，宜分则分，统分结合。这种体制发挥了集体的优越性和个人的积极性，既能适应分散的小规模经营，也能适应相对集中的适度规模经营，因而促进了劳动生产率的提高以及农村经济的全面发展，提高了广大农民的生活水平。

在实行家庭承包经营之前，李家庄是个有名的穷村。全村的耕地由集体组织耕种，粮食产量低，村民的温饱问题没有根本解决。实行家庭承包制以后，耕地承包到户，并根据耕地的数量和质量，确定农户应上缴给国家和集体的指标，余下的归农户自己所有。而集体对农户的经营实行统一代购种子、化肥、农药，统一进行技术指导，统一安排灌溉、机耕、机播、机收，统一推销农产品。这种以家庭承包经营为基础、统分结合的双层经营体制，使李家庄很快改变了低产贫困的面貌。全村从事粮食生产的劳动力减少了，但产量却成倍增加。同时，全村又广泛发展多种经营，不仅壮大了集体经济，而且增加了农民收入。这种经营体制，使李家庄逐步走上了共同富裕的道路。

混合所有制经济，是由各种不同所有制经济，按照一定原则，实行联合生产或经营的所有制形式。这种混合所有制经济中的国有成分和集体成分，都属于公有制经济。

广东大亚湾核电站总投资达40亿美元。通过引进外资，实行中外合资，我国只投入了3亿美元，就把核电站建成了。核电站90万千瓦的发电机组，每年将120多亿千瓦时的电量输往香港和广东各地。核电站运营20年后，将归中方所有，年盈利将达数亿美元。同时，通过核电站的建设，我们还学到了国外先进的设计、管理、施工和生产经验，培养了一大批人才。可见，发展外资经济，对于加速我国的现代化进程是有利的。

在中国，公有制经济和外资或私营经济联合组成的合资企业，以及公有制经济吸收个人投资组成的股份制企业，是混合所有制经济的主要形式。这些混合所有制经济中的国有成分和集体成分，都是公有制经济的重要组成部分。如果国家和集体控股，企业就具有明显的公有性，这有利于增强公有制的主体地位。

公有制的实现形式是多种多样的。如股份制、股份合作制、承包、租赁等，都可以利用。改革开放以来的实践证明，公有制实现形式的多样化，不仅有利于公有制经济的发展壮大，而且更有力地推动了整个国民经济的迅速发展。随着改革开放的不断深入，公有制的多种实现形式也将不断发展和完善。

在中国现阶段，除了公有制经济，还存在着个体经济、私营经济、外资经济等多种非公有制经济成分。

个体经济，是劳动者个人或家庭占有生产资料，从事个体劳动和经营的所有制形式。个体经济以劳动者本身的劳动为基础，劳动成果直接归劳动者所有和支配。个体经济规模小、投资小、设备简单、经营灵活，在利用分散的资源、发展小商品生产、保存和发展传统技艺、活跃市场、方便人民生活以及增加劳动就业等方面，个体经济发挥着不可替代的作用，是社会主义初级阶段一种重要的非公有制经济形式。

私营经济，是以生产资料归私人所有和以雇用工人为基础，以取得利润为目的的所有制形式。私营经济也是社会主义初级阶段的一种重要的非公有制经济。在中国，雇用工人8人以上（含8人）的企业被视为私营企业。

在中国现阶段，私营经济的存在和发展，可以集中和利用一部分私人资金，为生产和满足人民生活需要服务；可以吸收劳动者就业，增加劳动者个人收入和国家财政收入。同个体经济相比，私营经济规模较大，有较先进的设备，劳动生产率比较高，对提高国家的综合经济实力有很大的积极作用。

外资经济，是中国为发展对外经济关系和吸引外资而建立起来的所有制形式。它包括中外合资经营企业、中外合作经营企业中的外资部分以及外商独资企业。外资经济是中国政府批准，在遵守中国法律的前提下设立和经营的。外资经济也是社会主义初级阶段一种重要的非公有制经济。

上述各种不同的生产资料所有制在国民经济中所处的地位，以及它们之间的相互关系，称为所有制结构。改革开放以来，中国不断调整和完善所有制结构，确立了公有制为主体、多种所有制经济共同发展的基本经济制度。

公有制为主体、多种所有制经济共同发展的基本经济制度的确立，适应了中国的国情，是中国一项长期的经济制度。

只有坚持公有制经济的主体地位，才能保证中国经济发展的社会主义方向，巩固和完善人民民主专政；才能逐步消灭剥削，防止两极分化，最终达到共同富裕。同时由于中国经济生产力整体水平比较低，发展不平衡，呈现多层次性，加上人口多、底子薄，人民生活水平仍然不高，一部分地区和人民没有根本摆脱贫困落后的状况。因此要鼓励各种非公有制经济的发展，充分调动社会各方面的积极性、加快生产力的发展。

2005—2009 年我国工业增加值的变化（图片来源：新华社）

第二节 中国的分配制度

从1978年十一届三中全会召开到现在，中国的经济体制发生了深刻变化和改革。分配制度改革从农村开始，实行家庭联产承包责任制，调整分配关系。改革的重心从农村转向城市并全面推开后，收入分配制度不断得到调整和完善。目前中国已形成按劳分配为主体、多种分配方式并存的分配制度，各种生产要素都有效地参与到分配中来。收入分配制度改革对推动经济社会发展、改善城乡人民生活、提高资源配置效率产生了重大的影响。

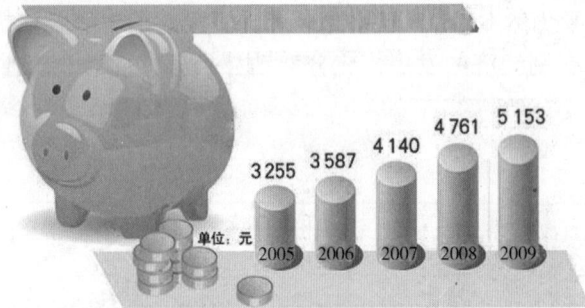

2005—2009 年农村居民人均纯收入的变化（图片来源：新华社）

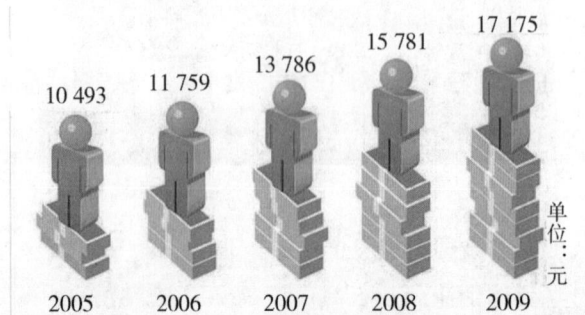

2005—2009 年我国城镇居民人均可支配收入的变化（图片来源：新华社）

一、中国实行按劳分配为主体、多种分配方式并存的分配制度

"确立劳动、资本、技术和管理等生产要素按贡献参与分配的原则，完善按劳分配为主体、多种分配方式并存的分配制度。坚持效率优先、兼顾公平，既要提倡奉献精神，又要落实分配政策，既要反对平均主义，又要防止收入悬殊。"这是中国共产

党十六大（2002 年）对中国社会主义初级阶段的分配原则与分配制度的概括。

在中国，个人消费品分配的基本原则是按劳分配。按劳分配的基本内容是：在社会主义公有制的范围内，劳动者向社会提供劳动，社会以劳动为标准，向劳动者分配消费品，实行多劳多得、少劳少得。

实行按劳分配，劳动者的个人收入同自己付出的劳动的数量和质量联系在一起，这样可以激发劳动者的劳动积极性，推动劳动者积极学习科学技术，提高劳动技能，有力地促进了社会生产力的发展。

按劳分配是指在社会主义制度下个人消费品的分配，同时中国还实行非按劳分配的方式。非按劳分配有以下几种具体的分配形式：

按个体劳动者的劳动成果分配。这是同个体经济相适应的分配方式，个体劳动者运用自己的生产资料从事生产经营活动，其劳动成果直接归劳动者所有，构成他们的个人收入。个体劳动者的合法收入受到国家的保护。

按生产要素分配。这是凭借劳动、资本、土地、技术和管理等生产要素而取得个人收入的分配形式，它强调的是按劳动、资本、技术和管理等生产要素在创造社会财富中的贡献参与分配。在中国现阶段，按生产要素分配的具体形式是多种多样的，包括：

按资本要素分配。包括：私营企业主生产经营取得的税后利润，债权人取得的利息收入、股息分红、债券、股票交易收入等。

按土地要素分配，是指凭借土地取得的收入。

按技术、信息要素分配，是指科技工作者、信息工作者提供新技术和信息资料取得的收入。

按管理要素分配，是指企业的管理人才凭借其管理才能在生产经营中的贡献而参与分配的方式。

此外，在公有制经济中对劳动者生活起保障作用的福利性分配，从社会保障中取得的各种收入，也属于非按劳分配的形式。

二、中国分配制度实行的基础

实行以按劳分配为主体、多种分配方式并存的制度，把按劳分配与按生产要素分配结合起来，具有客观必然性，适应了中国经济发展的现状和国情。

首先，这是与中国现阶段生产力发展水平相适应的。

中国现阶段生产力整体水平低、发展不平衡和多层次的状况，使中国各个地方、各个行业为了适应自身的生产力发展水平，采用不同的生产和经营方式。由于生产决定分配，所以生产经营方式的多元化使得中国不可能实行单一的分配方式。这是坚持以按劳分配为主体、多种分配方式并存的制度的根本原因。恩格斯曾指出："分配方式本质上毕竟要取决于可分配的产品的数量。"中国目前经济不太发达，生产力发展水平还比较低，生产的社会产品数量有限，能够用来分配的个人消费品也是有限的。因此，只能采取对全体劳动者来讲都比较公平的方式，即按劳动者为社会提供劳动量的多少来分配个人消费品，并以此来促进社会生产力的不断提高。

劳动是谋生手段也是实行按劳分配的直接原因。在社会主义社会，每个劳动者不可能不计报酬地为社会劳动，人们要把劳动看做获取收入、维持生活的手段。因此，人们要把劳动同收入联系起来。要求每个人必须付出劳动，才能得到报酬，同时，在生产关系中，谁占有生产资料，谁就在生产过程中居于支配地位，产品的分配也必然按照有利于生产资料占有者的原则进行。

其次，这是由中国以公有制为主体、多种所有制经济共同发展的所有制结构决定的。

在中国现阶段，生产资料公有制是社会主义经济制度的基础，是国民经济的主体。但与此同时，在公有制经济之外，还存在着多种非公有制经济，非公有制经济成分使得个人的收入来源多样化，因而，也就必然会存在多种非按劳分配方式。坚持以按劳分配为主体，才能有效地防止两极分化，最终实现共同富裕；实行多种分配制度并存，才能使多种所有制经济共同发展，提高经济效益。

最后，这是发展社会主义市场经济的客观需求。

在市场经济条件下，劳动、资本、土地、技术和管理等各种生产要素在经济活动中发挥重要的作用。只有把资源和收入联系起来，才能激励人们更有效地使用生产资料，提高利用效率。

三、中国分配制度的不断完善

中国实行按劳分配为主体、多种分配方式并存的分配制度提高了各方面的积极性，促进了经济的快速发展。当然，目前收入分配领域还存在不少矛盾和问题，有的还比较突出。一是收入差距明显扩大。城乡之间、地区之间、行业之间、部分居民之间的收入差距问题都较为突出。二是分配秩序还存在比较混乱的现象。个人收入来源渠道繁多，部分单位职工工资外的各种补贴数额仍然较大、名目较多。一些垄断行业凭借垄断地位获得高额利润，并通过多种形式转化为职工个人的高收入和高福利。分配差距扩大和分配不公是影响社会稳定的一个重要因素。三是对低收入的保障力度不够。主要是社会保障制度还不完善，覆盖面还比较窄，保障水平也比较低，特别是农村和城镇农民工的社会保障制度还不健全，城乡部分低收入家庭的生活还比较困难。城乡之间、地区之间公共服务状况差别较大，尤其是农村的公共服务水平普遍较低。另外，在一些国有单位内部还存在分配平均主义现象。

中国共产党十六届六中全会通过的《中共中央关于构建社会主义和谐社会若干重

大问题的决定》指出，要坚持按劳分配为主体、多种分配方式并存的分配制度，加强收入分配宏观调节，在经济发展的基础上，更加注重社会公平，促进共同富裕。这对于完善收入分配制度、促进社会和谐具有十分重要的指导意义。

应该说，合理且适度的收入差距是尊重劳动、尊重知识、尊重人才、尊重创造的必然要求，能够让一切劳动、知识、技术、管理和资本不断参与到中国的经济建设中，对加快小康社会的经济发展具有积极的促进作用。同时又要看到，收入差距不能无限制地扩大，要加强收入分配宏观调节，在经济发展的基础上，更加注重社会公平，着力提高低收入者收入水平，逐步扩大中等收入者比重，有效调节过高收入，坚决取缔非法收入，促进共同富裕，营造一个安定、公平的社会环境。

着力提高低收入者收入水平。就业是民生之本，是个人收入的基本来源，要在经济发展的过程中不断增加就业、减少失业，努力保障就业机会的公平，这是促进低收入者增加收入的重要基础。要抑制城乡居民收入差距扩大的趋势。加强公共服务体系建设，逐步做到区域之间、城乡之间享受平等的基本公共服务。

积极开展新农村建设（图片来源：山西经济日报）

逐步扩大中等收入者的比重。扩大中等收入者比重，形成"两头小、中间大"的收入分配格局，是理顺收入分配关系、促进社会稳定的要求。扩大中等收入者比重，关键是要完善劳动资本、技术、管理等生产要素参与分配的制度，使得劳动付出的多少、资本配置效率的高低、技术的先进程度、管理的优劣能够根据统一的市场经济规则，按照贡献大小，获得相应的收益分配。这样，那些劳动付出更多特别是掌握复杂劳动能力的人，掌握一定的资本和先进技术、先进管理经验的人，就会逐步进入和壮大中等收入者的行列，全社会的资源配置效率也将在这一过程中得到提高。

坚持和完善按劳分配为主体、多种分配方式并存的分配制度，鼓励一部分人通过劳动和创造先富起来，切实保护公民合法收入和私人财产

坚持走共同富裕道路，尽快扭转城乡地区和不同社会成员之间收入差距扩大趋势，坚决防止两极分化

兼顾效率与公平，初次分配和再分配都要处理好效率与公平的关系，再分配要更加注重公平

逐步形成中等收入者占多数的"橄榄型"分配格局

国务院总理温家宝阐述收入分配制度改革四项原则（图片来源：东莞日报）

加快垄断行业改革。要深化电力、电信、石油、民航、铁路、金融等行业改革，进一步引入竞争机制，努力消除不利于发展的垄断行为，这样可以有效防止垄断行业凭借垄断地位获取高额利润并通过各种方式转化为职工个人高工资高福利。垄断行业尤其要严格实行工资总额控制制度，防止工资福利的不合理发放。有关部门要加强对企业职工收入分配的监督。

运用税收等多种手段加强对收入分配的调节，更好地实现调节收入分配的目的。要加强个人收入信息体系建设，逐步形成完整的个人税收体系，以利于更好地理顺分配关系。对于非法收入，包括通过侵吞公有财产、偷税漏税、走私受贿、权钱交易、制售假冒伪劣商品等非法行为获得的收入，要坚决取缔和打击。

第三节　中国的社会主义市场经济体制

一、中国市场经济发展的历程

新中国成立之后，中国政府有计划地进行经济建设，一般以五年为界制定经济发展的总体规划。经过60多年不懈的发展，中国已成为世界上最具有发展潜力的经济大国之一。从1953年到2005年，中国已陆续完成十个"五年计划"，并取得举世瞩目的成就，为国民经济发展打下了坚实基础。特别是1978年以来的改革开放，中国经济得到前所未有的快速增长。进入 21 世纪，中国经济继续保持稳步高速增长。

新中国成立后 30 年间，中国政府一直推行计划经济体制，由国家专门机构"计划委员会"来规划和制定经济发展各个领域的目标。工厂按照国家计划生产产品，农村按照国家计划种植农作物，商业部门按照国家计划进货和销售，所有的品种、数量和价格都由计划部门统一制定。这种体制使中国经济能够有计划、有目标地稳定发展，保证中国在当时资源和生产条件不完善的情况下，能够集中和有效利用一切可以利用的资源，但这也严重地束缚了经济本身的活力和发展的速度。20 世纪 70 年代末期，中国领导人注意到中国经济及其发展速度与世界的差距，于是作出重大决策：对中国的经济体制进行改革。

1978 年，改革率先在农村展开。推行以家庭联产承包为主的责任制，农民重新掌握土地的使用权，自主安排农活和处置农产品，自行决定种什么、种多少；在农产品的经营方面也给予农民更多的选择权，取消统购派购的做法，放开大部分农副产品价格；取消过去众多的限制性政策，允许农民发展多种经营、开办乡镇企业，农民的生产积极性得以空前提升。

家庭联产承包激起了广大农民的积极性（图片来源：金华新闻网）

十一届三中全会后，中国开始实行改革开放，邓小平和陈云在 1979 年首次提出了计划经济和市场经济并不矛盾的概念。

1984 年，经济体制改革由农村转移到城市。中共十二届三中全会通过了《中共中央关于经济体制改革的决定》，确立了在公有制基础上的"有计划的商品经济"。1992 年，经过十几年改革开放的尝试，中国政府有了更加明确的改革方向：建立社会主义市场经济体制。其主要内容是：坚持以公有制经济为主体、多种经济成分共同发展的方针，转换国有企业经营机制，建立适应市场经济要求的现代企业制度；建立全国统一开放的市场体系，实现城乡市场紧密结合，国内市场与国际市场衔接，促进资源的优化配置；转变政府管理经济的职能，建立以间接手段为主的完善的宏观调控体系；建立以按劳分配为主体，效率优先、兼顾公平的收入分配制度，鼓励一部分地区一部分人先富起来，走共同富裕的道路；为城乡居民提供同中国国情相适应的社会保障，促进经济发展和社会稳定。

1993 年中共十四届三中全会通过了《关于建立社会主义市场经济体制若干问题的决定》，勾画了"社会主义市场经济"体制的基本框架。

1995 年中共十四届五中全会通过了《中共中央关于制定国民经济和社会发展"九五"计划和 2010 年远景目标的建议》，提出：实现奋斗目标的关键之一是经济体制从传统的计划经济体制向社会主义市场经济体制转变。

1997 年，中国政府进一步提出非公有制经济是中国社会主义经济的重要组成部分，鼓励资本、技术等生产要素参与收益分配，使经济体制改革迈出更大步伐。

到 2002 年，各项改革有序推进，成效明显。社会主义市场经济体制已经初步建立，市场在资源配置中的基础作用显著增强，宏观调控体系日趋完善；以公有制经济为主体、个体和私营等非公有制经济共同发展的格局基本形成；经济增长方式逐步由粗放型向集约型转变。2010 年，中国建立起比较完善的社会主义市场经济体制。按预定计划，到 2020 年，建立起比较成熟的社会主义市场经济体制。

二、市场经济的基本特征

首先，市场经济是一种资源配置方式。从古至今，物质资料的生产都必须具备基本的生产要素，如劳动力、生产资料、生产技术、信息等，这些我们叫做资源。一般来说，在一定的时期和范围内资源是有限的，人们为了满足自己多方面的需要，就必须在资源的使用上作出合理的安排。如一块土地是盖房子还是建工厂等，这个过程就是资源配置。在人类社会发展过程中，人们一直努力追求实现资源的优化配置，争取有限的资源得到最充分合理的利用，最大限度地满足自身生存和发展的需要。

在现代商品经济的条件下，资源配置主要是依靠市场的调节作用实现。随着社会经济生活的全面市场化，市场资源配置的功能在社会范围内得到充分的发挥，这种社会化的商品经济就是市场经济。

其次，市场经济是发达的商品经济。市场经济是同商品经济密切联系在一起的经济范畴。市场经济以商品经济的充分发展为前提，是在产品、劳动力和物质生产要素逐步商品化的基础上形成、发展起来的，在这个意义上可以说市场经济是发达的商品经济。

市场经济的形成必须具备一系列条件。最主要的条件：一是生产要素商品化。不仅要求一般消费品和生产资料商品化，而且要求各种生产要素如劳动力、资本、科技、信息等商品化，并在这个基础上形成统一完整的市场体系和反应灵敏的市场机制。二是经济关系市场化。一切经济活动，包括生产、交换、分配和消费都要以市场为中心，以市场为导向，听从市场这只"看不见的手"的指挥。三是产权关系独立化。市场主体——从事市场经济活动的当事人，主要是企业和居民，必须拥有自己的产权，成为真正意义上的法人实体，有资格参与市场经济活动。四是生产经营自主化。生产经营者在国家法律、政策允许的范围内追求经济利益的最大化，自由选择投资地点、行业部门，确定经营范围和经营目标。五是经济行为规范化。市场主体追求经济利益，必须讲职业道德，遵守国家法律，履行契约合同，遵守市场规则和市场管理制度，自觉维护社会经济秩序。商品经济产生在前，市场经济产生在后，发达的商品经济才能称为市场经济。最后，市场经济具有自主性、平等性、竞争性、法制性和开放性等特点。

市场经济是一种自主经济。商品生产者必须是独立的市场主体。

市场经济是平等的经济。市场经济的平等性，是指在市场上经济活动参加者之间的关系是平等的，等价交换这个根本原则决定了经济活动参与者之间是平等的关系。任何人不能强占他人的劳动成果，没有平等性，市场经济就无法运行。

市场经济是竞争经济。为了各自的价值的实现，市场主体之间必然激烈竞争，优胜劣汰。机会和风险是并存的。这一机制促使企业不断提高自身素质和经营规模，以在竞争中立于不败之地。经济活动者之间存在着广泛的竞争。在市场经济中，市场的价格是在竞争当中形成的。

市场经济是开放性经济。开放性是指市场不是互相封闭的，全国是一个统一的大市场，并同世界市场连在一起。企业为了获取利润，实现产品的价值，会不遗余力地开拓市场。

市场机制就是在供求、价格、竞争之间相互依存和相互制约中发挥节约资源和合理配置资源的功能。让所有的生产资料和资金在各个渠道之间合理流动。

当然，市场也不是万能的，资本主义自由放任的市场经济所导致的周期性经济危机，就是市场失灵的严重后果。因而，在20世纪30年代大危机之后，资本主义国家普遍采用计划调节手段来弥补市场的缺陷，这就形成了宏观调控的市场经济。所谓宏观调控就是政府通过各种经济手段对市场施加影响，从而消除市场的消极作用。

三、中国社会主义市场经济及其特征

社会主义市场经济是市场经济发展的一种新形式、新阶段。它包含着两个方面的规定性：一是市场经济的一般共性；二是社会主义制度本身的特性。社会主义市场经济是在积极有效的国家宏观调控下，市场对资源配置起基础性作用，能够实现效率与公平的经济体制。

社会主义市场经济的基本特征主要表现在：

（一）社会主义市场经济是以公有制为主体的市场经济

社会主义市场经济区别于资本主义市场经济的本质在于所有制基础不同。资本主义市场经济是以资本主义私有制为基础的市场经济，而社会主义市场经济建立在以社会主义公有制为主体的所有制基础上。

目前中国公有制经济形式多种多样，包括国有制、集体所有制以及不同公有制形式出资的股份制等。社会主义市场经济要求实现多种形式的公有制关系。而传统的公有制形式对市场经济尚不能完全适应，经过改革，理顺国家与企业的关系和转换国有企业经营机制，公有制经济具有更强的活力和更高的效益，在保证国民经济的合理布局、节约资源和市场有序运行方面发挥出特有的优势。

（二）在分配制度上坚持以按劳分配为主、其他分配方式为辅

劳动是收入分配的直接依据，劳动力素质由市场判别，劳动者的贡献由市场评价，总体上体现多劳多得的原则。允许一部分人、一部分企业和一部分地区依靠诚实劳动和善于经营等正当手段先富起来，先富帮后富，逐步实现共同富裕。这与西方社会市场经济作用下产生贫富两极分化有着本质的不同。社会主义市场经济遵循"效率优先，兼顾公平"的原则，鼓励先进，促进效率，展开合理竞争，同时政府会通过调节机制和社会政策，防止收入差距过分扩大，保证社会公正，最终要实现共同富裕。

（三）社会主义市场经济的宏观调控更加自觉有力

宏观调控和政府干预并不是中国特有，西方国家在市场经济中也会对经济进行干预和调整。但社会主义市场经济的宏观调控因为生产资料公有的特点和政府对社会公平的重视而表现得更加积极、更加主动、更加强有力。国家颁布的市场经济法规、实施的有关经济政策、制定的总体规划和进行的宏观调控等，能够把人民的当前利益与长远利益、局部利益和集体利益结合起来，发挥计划与市场两个手段的长处，把市场调节和宏观调控结合起来。

四、社会主义市场体系的成效

社会主义市场经济体制适应了中国的国情，工业、农业、商业、服务业都得到了极大的发展，产业水平和规模也不断提高。进入 21 世纪后，中国经济继续保持稳步高速增长，并呈现出速度与质量、效益同步发展的良好局面。外贸出口额迅速增加，国际竞争力增强。同时中国也积极扩大内需，扩展国内市场，保证市场经济快速健康发展。中国政府正在不断完善社会主义市场经济体制，不断创新，加快促进经济的发展，全面提高人民的生活水平，把中国建设成为 21 世纪的经济强国。

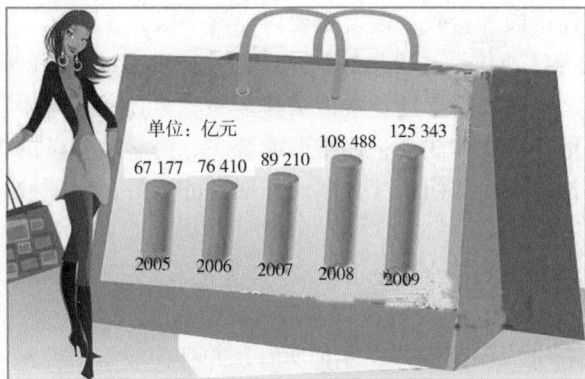

单位：亿元

67 177　76 410　89 210　108 488　125 343

2005　2006　2007　2008　2009

2005—2009 年社会消费品零售总额的变化（图片来源：新华社）

五、中国社会主义市场经济的发展方向

市场是市场经济的舞台。市场状况如何，体系是否完善，机制是否健全，决定着整个经济运行的效益。社会主义市场经济体系是由相对独立又相互联系的各类市场构成的有机统一体，包括消费品市场、生产资料市场、资本市场、劳动力市场、技术市场、信息市场和房地产市场等。完善的市场经济体系是市场经济有效配置资源的条件，是建立社会主义市场经济的重要环节。社会主义市场体系应该是统一、开放、竞争、有序的市场体系。改革开放以来，中国的市场体系有了很大发展，但还不够完善，要形成统一、开放、竞争、有序的市场体系还需要经历一个过程。目前市场发展中存在的主要问题是：市场体系不健全；各类市场发育程度参差不齐；市场竞争机制不健全；市场运行的法规制度建设滞后；由于地方保护主义的存在，全国统一开放市场体系还没有最终形成等。能否形成一个健全的完善的市场体系，事关中国社会主义市场经济体制能否最终建立，因此必须加快社会主义市场体系的培育和发展。

关于社会主义市场经济的基本框架和发展方向，中国共产党在十四届三中全会通过的《中共中央关于建立社会主义市场经济体制若干问题的决定》中进行了详细阐述：

（1）建立现代企业制度。以公有制为主体，产权清晰、责权明确、政企分开、管理科学的现代企业制度，是市场经济的中心环节。让企业真正地成为市场的主体。自主经营、自负盈亏，直接从事生产、流通和服务性的经营活动，追求利益最大化。

（2）建立以按劳分配为主体，效率优先、兼顾公平的收入分配制度。这是社会主义市场经济体制的动力机制。

（3）建立多层次的社会保障制度。

（4）建立全国统一开放的市场体系。这是社会主义市场经济的核心。

（5）建立以间接经济手段为主、完善的宏观调控体系。宏观调控的手段有计划手段、经济手段、法律手段、行政手段。主要以经济手段为主。

（6）健全和完善法律体系。市场经济是法制经济，市场经济的运行要建立在一定的秩序和规则基础之上。完善市场竞争，法律体系就显得尤为重要。因此，要加快建立市场交易秩序规范化的法律法规，逐步形成统一、科学和完备的社会主义市场管理体系。同时，还要加强执法部门、社会舆论和群众的监督，保证社会主义市场经济正常健康发展。

思考题

1. 中国为何实行公有制为主体、多种所有制并存的经济制度？
2. 社会主义市场经济体制同西方资本主义市场经济体制有何不同？
3. 你如何看待目前的贫富分化问题？你觉得应该如何解决这个问题？

第五章　当代中国的基本国策

当代中国，经济快速发展，国力日渐强盛，在探索中稳步前进。中国政府制定了一系列基本国策和改革措施，确保中国政治经济健康、快速、可持续发展，并取得显著成效。本章我们将从中国的计划生育政策、环境保护政策、资源开发利用、科教兴国战略以及可持续发展战略五个方面对当代中国的基本国策进行介绍。

第一节　中国的计划生育政策

一、中国人口的基本情况

中国是世界上人口最多的国家。

新中国成立后，社会经济取得巨大发展，人民生活显著改善，随着医疗卫生事业的快速发展，中国人口出现了历史上不曾有过的高速增长。1949—1994年，中国人口由5.416亿增加到11.85亿，45年增加了6.569亿。根据中国政府第六次全国人口普查主要数据公报：2010年11月1日零时，中国的总人口为1 339 724 852人，占世界人口的19%、亚洲人口的33%。中国是目前世界上人口最多的国家，也是世界上人口密度较高的国家之一。人口的过快增长给资源、环境、经济发展带来了巨大压力。

异常拥挤的地铁（图片来源：信息时报）　　毕业生面临巨大的就业压力（图片来源：新华网）

统筹解决人口问题是中国实现经济发展、社会进步和可持续发展所面临的重大而紧迫的战略任务。20 世纪 70 年代以来，中国政府坚持不懈地在全国范围推行计划生育基本国策：鼓励晚婚晚育，少生优生；提倡一对夫妇只生育一个孩子。

中国人口的发展同中国社会的发展一样经过了漫长而曲折的道路。在党和政府的坚强领导下，经过 30 多年长期不懈的努力及不断总结处理人口问题的经验教训，逐步完善人口政策，计划生育工作取得了举世瞩目的成就，有效控制了人口过快增长，成功探索出了一条具有中国特色综合治理人口问题的道路，有力促进了中国综合国力的提高、社会的进步和人民生活的改善，对稳定世界人口作出了积极的贡献。

二、中国计划生育工作的实施历程

回顾中国计划生育工作的发展历程，大致可以划分为三个阶段：

（一）逐步严格控制人口增长阶段（20 世纪 50 年代初至 80 年代末）

20 世纪 50 年代，面对人口增长过快的态势，毛泽东、周恩来、刘少奇、邓小平等多次指出，人口要有计划地增长。但由于"左"倾思想的影响，计划生育没有真正开展起来。1970 年全国总人口超过 8 亿。面对严峻的人口形势，国家开始在全国城乡全面推行计划生育，严格控制人口增长。1975 年，国家制定了"晚、稀、少"和"提倡一对夫妇生育子女数量最好一个，最多两个"的生育政策。由于措施有力，这段时间的计划生育取得了明显成效。

（二）稳定低生育水平阶段（20 世纪 90 年代初至 21 世纪初）。

1991 年党中央、国务院在《关于加强计划生育工作，严格控制人口增长的决定》中，明确提出要坚定不移地贯彻落实现行生育政策，严格控制人口增长。20 世纪 90 年代中后期，中国人口再生产类型实现了由高出生、低死亡、高增长到低出生、低死亡、低增长的历史性转变。2000 年 3 月，党中央、国务院在《关于加强人口与计划生育工作稳定低生育水平的决定》中，指出人口过多仍然是中国的首要问题，人口问题是社会主义初级阶段长期面临的重大问题。

（三）综合解决人口问题、促进人的全面发展阶段（21 世纪初）

2003 年，计划生育委员会更名为人口和计划生育委员会，以加强人口发展战略研究和综合协调，更加科学地制定和实施人口发展规划。2004 年初，中国政府组织多学科的专家学者，正式启动了"国家人口发展战略研究"，对人口数量、素质、结构、分布等的变化趋势及其与经济、社会、资源、环境的相互影响进行全面、深入、系统的研究。

2006 年，《关于全面加强人口和计划生育工作统筹解决人口问题的决定》明确提出，这一阶段的主要任务是千方百计稳定低生育水平，大力提高出生人口素质，综合治理出生人口性别比偏高问题，不断完善流动人口管理服务体系，积极应对人口老龄化。

三、顺利开展计划生育政策的重要举措

人口问题是当代世界的重大社会问题之一，也是影响国家经济社会发展和人民生活水平提高的一大障碍。人口过多成为制约中国可持续发展的首要问题。为解决这个问题中国政府作出了一系列努力：

（一）严格执行计划生育的基本国策

中国政府严格执行了计划生育政策，各级地方政府都建立了计划生育委员会，将计划生育的实施效果与官员的考核相结合，采取较为严厉的措施惩罚违反计划生育政策的单位和个人。

（二）大力发展教育，加大教育投入，重在转变思想，提高人口素质

中国人口众多，人力资源丰富，但国民素质不高。很多地方特别是农村，农民的思想陈旧、条件落后给计划生育的推行造成了严重的阻力。为改变这种状况，必须增加用于提高人口素质的各类投资，尤其是要大力发展教育事业，通过发展教育事业达到普及知识、宣传教育和提高人口素质的目的。

（三）分析人口结构，制定相关的辅助配套政策

一方面，中国政府坚定不移地执行计划生育政策，努力使人口降下来。另一方面，由于中国已进入老龄化社会，面临着比发达国家更为沉重的养老压力。在这种情况下，中国正努力妥善解决人口老龄化问题，不断寻求措施，希望从根本上解决老龄社会日益突出的养老、医疗等问题。

四、实行计划生育政策的重要意义

中国的改革开放和经济建设的发展，为实行计划生育创造了良好的社会经济环境，而实行计划生育所取得的成就，又为经济的持续增长、人民生活水平的提高和社会的全面进步创造了有利的人口环境。

（一）计划生育有效地抑制了中国人口增长过快的势头

1964 年到 1973 年，是中国人口高速增长的时期，10 年内人口由 7 亿增加到 9 亿，每增加 1 亿人口的时间缩短为 5 年。1973 年，中国在全国范围内实行计划生育，从 1973 年到 1995 年 2 月，中国人口由 9 亿增加到 12 亿，每增加 1 亿人口所需时间，又延长到 7 年左右。1994 年与 1970 年相比，人口出生率由 33.43‰下降到 17.70‰，人口自然增长率从 25.83‰下降到 11.21‰。2010 年 11 月 1 日零时，第六次全国人口普查时，中国的总人口为 1 339 724 852 人。与 2000 年第五次人口普查相比，10 年间增加了 7 390 万人，增长了 5.84%，年均增长 0.57%，比 1990 年到 2000 年年均 1.07%的增长率下降了 0.5 个百分点。目前中国的人口增长率已明显低于世界其他发展中国

家的平均水平。

（二）计划生育促进了人民群众婚姻、生育、家庭观念的转变

自中国实行计划生育以来，传统的"早婚早育"、"多子多福"、"重男轻女"等观念正在为越来越多的育龄群众所摒弃。晚婚晚育，少生优生，男孩、女孩都一样，建立幸福、美满、和谐的小家庭，追求现代、科学、文化的生活方式，已经成为不可阻遏的时代潮流。在中国现有经济发展水平和人民生活条件下，家庭规模的缩小和抚养子女人数的减少，大大减轻了家庭的经济负担和家务负担，提高了家庭的生活质量。

（三）计划生育为中国经济的发展和人民生活水平的提高创造了有利条件

中国经济持续发展，人民生活日益改善。除了改革开放等因素外，也得益于计划生育政策的实施。1952 年至 1978 年，中国国内生产总值增长 3.7 倍，但人均国内生产总值仅增长了 1.8 倍。1978 年至 1994 年，中国在坚持改革开放、大力发展经济的同时，坚持做好计划生育工作，国内生产总值增长了 3.2 倍，人均国内生产总值增长了 2.4 倍。2010 年，中国国民生产总值（GNP）为 393 402.2 亿元。人均收入大幅提高，人们的生活水平得到明显改善。计划生育通过对人口的出生增长实行计划调节和控制，以实现人口与经济、社会的协调发展。

（四）计划生育促进了中国人口素质的提高和人的全面发展

中国的计划生育，始终包含着控制人口数量和提高人口素质两个方面。在合理控制人口规模的同时，中国政府十分重视发展教育、医疗卫生等各项事业，不断提高人口素质。中国政府把教育作为国家发展的战略重点之一，教育事业得到长足发展。2010 年中国九年免费义务教育的普及率已经达到 95% 以上，预计 5 年内达到 100%。幼儿教育和残疾儿童的特殊教育稳步发展。中等职业技术教育迅速发展，全国有 2 亿多农民接受了各类文化知识教育和实用技术教育。

（五）计划生育加快了中国农村消除贫困的进程

1978 年以来，中国采取了一系列措施，使没有完全解决温饱的人口从 2.5 亿人减少到 1995 年的 7 000 万人。中国政府把解决贫困人口问题与计划生育结合起来，使许多家庭从"越穷越生，越生越穷"的不良循环中解脱出来，收到了显著效果。在贫困地区实行计划生育，控制人口数量，提高人口素质，是中国政府进行扶贫开发、消除贫困的一项重要举措。国家统计局《中华人民共和国 2010 年国民经济和社会发展统计公报》指出："按 2010 年农村贫困标准 1 274 元测算，年末农村贫困人口为 2 688 万人，比上年末减少 909 万人。"

第二节　中国的环境保护政策

环境是人类生存和发展的基本前提，环境为我们生存和发展提供了必需的资源和条件。随着社会经济的发展，环境问题已经作为一个不可回避的重要问题被提上了各国政府的议事日程。保护环境，减轻环境污染，成了各国政府的重要任务。

对于中国来说，保护环境是一项基本国策。解决全国突出的环境问题，促进经济、社会与环境协调发展是一项重要而又艰巨的任务。中国是一个拥有全世界1/5人口的发展中国家，生态环境脆弱，自然资源人均占有量少，目前大部分地区还处于发展的状态，特别是农村经济还很落后，各地政府为了大力发展经济、摆脱贫困，不惜以破坏环境为代价。经济的发展主要依赖土地、劳动、资本的高投入，属于高消耗、高污染、低效率的落后方式。因此，发展与环境保护的矛盾十分尖锐。

沙尘暴中的北京天安门广场（图片来源：新华网）

中国改革开放以来经济高速发展，消耗了大量能源，如煤炭、汽油等，导致环境污染，特别是空气污染严重。据统计，目前世界上有20个环境污染最严重的城市，中国占了16个。汽车的尾气排放和工业燃煤的排放，是空气质量恶化的主要原因。中国政府必须从西方国家工业发展的教训中深刻认识到环境恶化所带来的严重后果：为了追求经济的发展，人们不惜损害我们赖以生存的环境，然后又以更大的代价去改善环境，这种代价不但是巨大的，而且是长期的。

一、中国现阶段环境的状况

（一）环境污染问题严重

污染问题是人类社会面临的主要环境问题。虽然经过多年的治理，中国环境污染加剧的趋势基本得到控制，但是，环境污染问题依然相当严重。据统计，2004 年，全国二氧化硫排放量 2 254.9 万吨，比 2000 年增长了 15%。在全国七大水系中，只有41.6% 的断面满足国家地表水三类标准，长江、珠江的水质较好，海河、黄河、淮河、辽河、松花江的水质较差，各大淡水湖泊和城市湖泊均受到不同程度的污染。2004 年城市空气质量只有 41.4% 达到二级标准，2010 年，全国酸雨（pH 年均值低于5.6）面积约 120 万平方千米，约占国土面积的 12.6%，酸雨污染问题严重。城市噪声扰民较为普遍，重大污染事故时有发生，中国进入了一个环境污染事故的高发期。这些环境问题严重影响了人们的生活，成为影响中国健康发展的主要因素。

（二）生态恶化趋势加剧

目前，中国生态环境破坏的范围在扩大，而且程度也在加剧。土地退化严重。全国水土流失面积达 367 万平方千米，约占国土面积的 38%，荒漠化土地面积已达 262万平方千米，并且每年还以 2 460 平方千米的速度扩展。人均森林面积列世界第 134位，占国土面积 32.19% 的西北五省（自治区）森林覆盖率仅为 5.86%，乱砍滥伐现象仍屡禁不止。草地退化、沙化和碱化的面积达 1.35 亿公顷，约占草地总面积的1/3，并且每年还在以 200 万公顷的速度增加。水生态系统严重失衡。2004 年，全国有 79 个城市缺水，有 2 340 万人口、1 300 万头大牲畜发生临时性饮水困难。生物多样性不断减少，生态环境迅速恶化，严重影响了中国经济社会的协调发展。

二、中国政府面临环境问题所采取的措施

随着环境问题的凸现，中国国务院于 1973 年成立了环保领导小组及其办公室，在全国开始"三废"（废水、废气、废渣）治理和环保教育，这是中国环境保护工作的开始。1996 年以来，国家制定或修订了多部环保法律以及与环保关系密切的法律；国务院有关部门、地方人民代表大会制定和颁布了规章和地方法规 660 余件。中国不断加强环境执法检查，依法查处 7.5 万多起环境违法案件，取缔关闭违法排污企业1.6 万家。中国政府在 1998 年将原国家环境保护局升格为国家环境保护总局。目前，全国有各级环保行政主管部门 3 226 个，从事环境行政管理、监测、科学研究、宣传教育等工作的总人数达 16.7 万人。各级环境监察执法机构 3 854 个，总人数达 5 万多人。

根据中国环境现状和特点，以及污染的危害性程度，中国有计划地逐步加大对环

境污染的治理力度，并对重点污染产业集中主要精力治理。

工业污染防治是中国环境保护工作的重点。"九五"期间（1996—2000 年），国家关闭 8.4 万家严重浪费资源、污染环境的小企业。2005 年，中国关停污染严重、不符合产业政策的钢铁、水泥、铁合金、炼焦、造纸、纺织印染等企业 2 600 多家。与 1996 年相比，2005 年空气质量达到国家二级标准的城市比例增加了 31 个百分点。2010 年，环保重点城市空气污染物年均浓度达到国家环境空气质量二级标准的城市比例为 73.5%，较 2005 年提高了 30.3 个百分点。95.6% 的重点城市空气质量优良天数超过 292 天，比 2005 年提高了 27.1 个百分点，达到《国家环境保护"十一五"规划》目标要求。目前全国已有 12 000 多家企业获得了 ISO 14000 环境管理体系认证。在北京、上海等 24 个城市开展了再生资源回收体系建设试点工作。海南、吉林、黑龙江等 9 省积极开展生态省建设。

积极开展垃圾分类（图片来源：中国消费者报）　　政府关停污染企业（图片来源：荆州新闻网）

中国荒漠化和沙化整体扩展的趋势得到初步抑制。"十五"期间，中国中央财政专门安排环境保护资金 1 119 亿元人民币，主要用于京津风沙源治理，天然林保护工程，退耕还林（草）工程，三峡库区及其上游地区水污染治理，"三河三湖"污染治理，污水、垃圾产业化及中水回用工程等。2006 年，环境保护支出科目被正式纳入国家财政预算。营造林面积自 2002 年以来连续四年超过 667 万公顷。2010 年清查结果显示，中国有森林面积 1.75 亿公顷，森林覆盖率 18.21%，森林蓄积量 124.56 亿立方米。人工林保存面积 0.53 亿公顷，蓄积量 15.05 亿立方米，人工林面积居世界首位。

大力进行沙漠绿化（图片来源：人民网）

保护可爱的大熊猫（图片来源：新华网）

中国部分野生动物种群稳中有升。中国是一个生物多样性非常丰富的国家，目前，中国共建立野生动物拯救繁殖基地 250 处，上千种野生植物建立了稳定的人工种群。国家制定了《中国生物多样性保护行动计划》，编写了《中国生物多样性国情研究报告》。调查的 252 种野生动物中有 55.7% 的种群稳中有升。扬子鳄、朱鹮等珍稀濒危野生动物种群成倍增加，2010 年全国野生大熊猫种群数量已达 1 590 余只，人工圈养大熊猫种群数量达到 161 只。分布范围有所扩大，种群数量有所增加，栖息地质量有所改善。一些物种的分布区逐步扩展，黑嘴鸥、黑脸琵鹭等物种的活动、新繁殖地或越冬地被不断发现。

对关系人民切身利益的资源环境问题，加强了管理和加大了资金的投入。近年来，国家解决了 6 700 多万农村人口的饮水困难和饮水安全问题。"十五"期间，国家先后投入 35 亿元人民币，重点推广以沼气建设为纽带的能源生态模式。到 2005 年底，中国沼气用户已达 1 700 多万户，年生产沼气 65 亿立方米。同时，还积极推广使用太阳灶、风能、地热等可再生能源。2010 年，全国生态农业建设县达到 400 多个。

此外，中国积极开展同其他国家的合作。中国参加了《联合国气候变化框架公约》及《京都议定书》、《关于消耗臭氧层物质的蒙特利尔议定书》、《生物多样性公约》等 50 多项涉及环境保护的国际条约，并积极履行这些条约规定的义务。先后与美国、日本、加拿大、俄罗斯等 42 个国家签署双边环境保护合作协议或谅解备忘录，与欧盟、德国等 13 个国家或国际组织开展多项环保领域的合作。

经过 30 多年的坚持治理，中国的环境保护政策已经形成了一个完整的体系，它具体包括"预防为主，防治结合"、"谁污染，谁治理"、"强化环境管理"三项政策。中国政府高度重视环境保护，将环境保护确立为一项基本国策，全社会环境保护意识进一步增强。

第三节　中国的资源开发利用

一、中国资源的现状

中国幅员辽阔，自然资源非常丰富。中国各类型土地资源都有分布；水能资源居世界第一位；是世界上拥有野生动物种类最多的国家之一；几乎具有北半球的全部植被类型；矿产资源丰富，品种齐全。

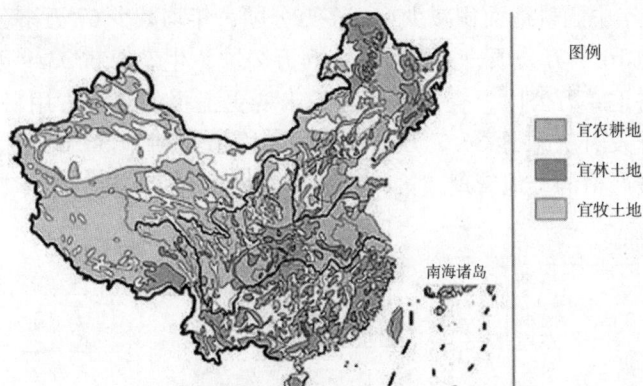

图例

宜农耕地

宜林土地

宜牧土地

南海诸岛

中国土地资源分布（图片来源：中国网）

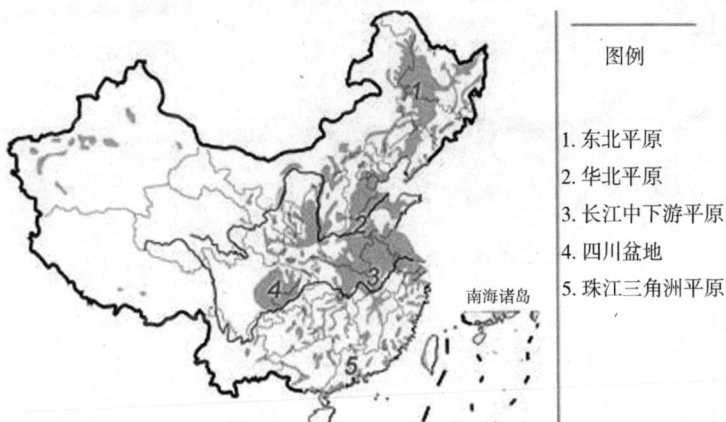

图例

1. 东北平原

2. 华北平原

3. 长江中下游平原

4. 四川盆地

5. 珠江三角洲平原

南海诸岛

中国耕地资源分布（图片来源：中国网）

（一）中国的土地资源

中国土地资源的基本特点是：绝对数量大，人均占有少；山地多，平原少，耕地与林地所占的比例小；各类土地资源地区分布不均。

耕地主要集中在东部季风区的平原和盆地地区，林地多集中在东北、西南的边远山区，草地多分布在内陆高原、山区。

截至 2008 年 12 月 31 日，中国耕地总面积为 18.257 4 亿亩。耕地相对集中在东北平原、华北平原、长江中下游平原、珠江三角洲和四川盆地。东北平原大部分是黑色沃土，生产小麦、玉米、高粱、大豆、亚麻和甜菜等。华北平原大多是褐色土壤，农作物有小麦、玉米、谷子、高粱、棉花、花生等。长江中下游平原生产水稻、柑橘、油菜等。四川盆地盛产水稻、油菜、甘蔗、茶叶、柑橘、柚子等。

近年来，中国耕地资源不断减少。据国土资源部和国家统计局的调查数据，从 1996 年到 2004 年中国耕地面积减少 660 多万公顷，年均减少 67 万多公顷。2006 年实际建设占用耕地 16.7 万公顷，灾毁耕地 3.6 万公顷，生态退耕 33.9 万公顷，因农业结构调整减少耕地 4 万公顷，查出往年建设未变更上报的建设占用耕地 9.1 万公顷，土地整理复垦开发补充耕地 36.7 万公顷，当年净减少耕地 30.6 万公顷。2008 年以来，国家采取最严格的土地管理政策，耕地减少势头有所遏制，但年耕地减少量仍然很大。

（二）中国的森林和草地资源

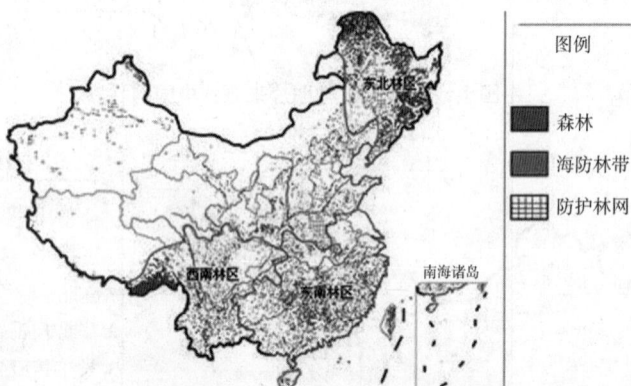

中国森林资源分布（图片来源：中国网）

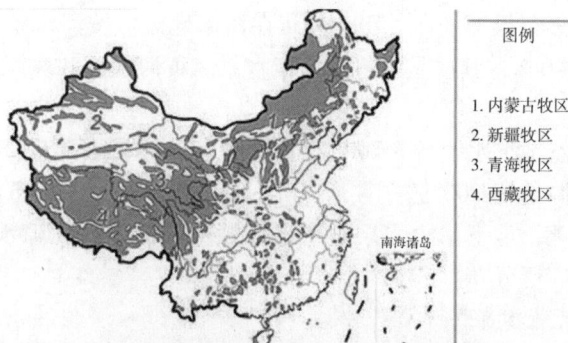

图例

1. 内蒙古牧区
2. 新疆牧区
3. 青海牧区
4. 西藏牧区

南海诸岛

中国草地资源分布（图片来源：中国网）

根据第六次全国森林资源清查（1999—2003 年）结果，全国森林面积 1.75 亿公顷，森林覆盖率为 18.21%。活立木总蓄积量 136.2 亿立方米。森林蓄积量为 124.6 亿立方米。中国的天然林多集中分布在东北和西南地区，而人口稠密、经济发达的东部平原，以及辽阔的西北地区，森林却很稀少。

中国森林树种丰富，仅乔木就有 2 800 多种，珍贵的特有树种有银杏、水杉等。为保护环境和满足经济建设的需要，中国持续开展了大规模的植树造林活动。目前，中国人工林面积已达 3 379 万公顷，占全国森林总面积的 31.86%，已成为世界上人工林面积最大的国家。

国家统计局统计公报显示，2006 年完成营造林面积 457 万公顷，其中人工造林完成 252 万公顷。林业重点工程完成营造林面积 297 万公顷，占 2006 年全年营造林面积的 65%。全民义务植树 18.9 亿株。同时，中国营造了许多防护林，抵御风沙侵袭，防止水土流失。如"三北"（东北地区西部、华北地区北部及西北地区）防护林体系、长江中上游防护林体系、沿海防护林体系、太行山绿化工程、平原绿化工程等。其中"三北"防护林体系正在营造长 7 000 多千米的"绿色长城"，范围约 2.6 亿公顷，占中国陆地面积的 1/4，所以被称为"世界上最大的生态工程"。

中国现有草地面积 40 000 万公顷，其中可利用的草地 31 333 万公顷，是世界草地面积最大的国家之一。中国的天然草地主要分布在大兴安岭—阴山—青藏高原东麓一线以西以北的广大地区；人工草地主要在东南部地区，与耕地、林地交错分布。

中国的四大牧区是：

①内蒙古牧区：中国最大的牧区，优良畜种有三河马、三河牛等。②新疆牧区：优良畜种有新疆细毛羊、阿尔泰大尾羊和伊犁马等。③青海牧区：主要畜种是牦牛，还出产驰名中外的河曲马。④西藏牧区：牦牛的主要产区。

（三）中国的水资源

中国是世界上河流和湖泊众多的国家之一。由于中国的主要河流多发源于青藏高原，落差很大，因此水能资源非常丰富，蕴藏量约 6.8 亿千瓦，居世界第一位。但中国水能资源的地区分布很不平衡，70%分布在西南地区。按河流统计，以长江水系为最多，占全国的近40%，其次是雅鲁藏布江水系。黄河水系和珠江水系也有较多的水能蕴藏量。

中国已查明天然地下水资源8 700亿立方米/年，可采资源量2 900亿立方米/年，地下微咸水天然资源约为200亿立方米/年。地下水资源地区分布不均匀，南方地区丰富，西北地区贫乏，地下水含水层类型地域性分布明显，孔隙水主要集中在北方，岩溶水在西南地区广泛分布。

（四）中国的动植物资源

中国是世界上拥有野生动物种类最多的国家之一，仅陆栖脊椎动物就有2 000多种，占世界陆栖脊椎动物的9.8%，其中鸟类所占比例最高，兽类次之。现已发现鸟类有1 189种，兽类500种，两栖类210种，爬行类320种。陆地脊椎动物中有不少种类为中国所特有，或主要分布于中国。

由于中国自然条件复杂，所以植物种类很多，仅木本植物就达30 000多种，其中乔木有2 800多种。中国几乎具有北半球的全部植被类型：东部湿润区分布着各类森林；最北部寒温带为落叶针叶林；向南是温带落叶阔叶林区；亚热带林区在中国面积最大，局部地区还残存着世界上其他地方早已绝迹的小片"活化石"林——水杉、银杉、银杏等；最南部有热带的半常绿季雨林、雨林和红树林，并引种了一些热带植物，如橡胶、油棕、剑麻等。中国特有的树种除水杉、银杉、银杏外，还有水松、杉木、金钱松、台湾杉、福建柏、杜仲等。

（五）中国的矿产资源

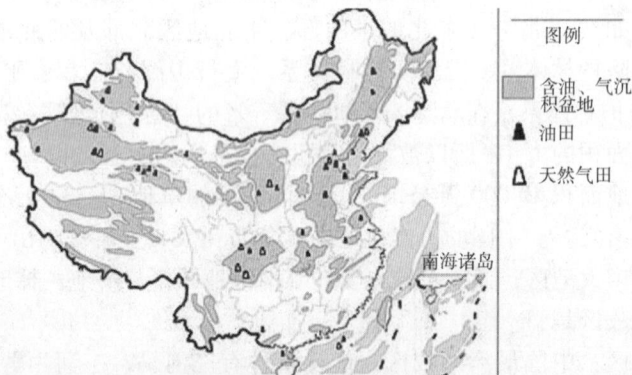

中国油气资源分布（图片来源：中国网）

中国矿产资源丰富。现已发现171种矿产资源，查明资源储量的有158种，中国能源矿产资源比较丰富，但结构不理想，煤炭资源比重偏大，石油、天然气资源相对较少。资源的探明程度低，陆上探明石油地质储量仅占全部资源的1/5，近海海域的探明程度更低；分布比较集中，大于 10 万平方千米的 14 个盆地的石油资源量占全国的 73%，中部和西部地区的天然气资源量超过全国总量的一半。

中国也是世界上金属矿产资源比较丰富的国家之一。世界上已经发现的金属矿产在中国基本上都有探明储量。其中，探明储量居世界第一位的有钨、锡、锑、稀土、钽、钛；金属矿产资源的特点是：分布广泛，但又相对集中于几个地区，如铁矿主要分布在鞍山—本溪、冀北和山西等三大地区；铝土矿主要集中于山西、河南、贵州、广西等省区；钨矿主要分布于江西、湖南、广东；锡矿主要分布于云南、广西、广东和湖南。部分金属矿产储量大、质量高，在国际上具有较强竞争力，如钨、锡、钼、锑、稀土等。

（六）中国的海洋资源

中国拥有丰富的海洋资源。油气资源沉积盆地约 70 万平方千米，石油资源量估计为 240 亿吨左右，天然气资源量估计为 14 万亿立方米。中国管辖海域内有海洋渔场 280 万平方千米。20 米以内浅海可养殖面积 260 万公顷，已经养殖的面积为 71 万公顷。浅海滩涂可养殖面积 242 万公顷，已经养殖的面积为 55 万公顷。中国已经在国际海底区域获得约 7.5 万平方千米金属结核矿区，多金属结核储量 5 亿多吨。中国沿海目前有盐场 50 多个，盐田总面积 33.7 万公顷。中国原盐产量的 70% 以上来自海盐。

中国的潮汐能蕴藏量为 1.1 亿千瓦，可开发利用量约 2 100 万千瓦，每年可发电 580 亿度。浙江、福建两省潮差较大，潮汐能占全国沿海的 80%。其中浙江省的潮汐能蕴藏量约有 1 000 万千瓦，钱塘江口潮差达 8.9 米，是建设潮汐电站最理想的河口。

二、中国的资源保护

虽然中国地大物博，自然资源极其丰富，但由于人口众多，资源人均占有量极少，在资源使用上存在不合理和浪费的情况。由于片面注重经济发展而忽视对现有自然资源的保护，中国现在的耕地面积在逐年缩小，大片树木被砍伐，滥杀、滥捕野生动物现象严重，水电资源分布不平衡。加上中国巨大的人口数量，使得国家资源越来越难以承受，特别是矿产资源开发利用中的浪费现象和环境污染仍较突出。

中国高度重视资源的合理利用和保护，实行了一系列的政策予以保障，把可持续发展确定为国家战略，把保护资源作为可持续发展战略重要内容。1992 年联合国环境与发展大会召开后，中国政府率先制定了《中国 21 世纪议程：中国 21 世纪人口、环境与发展白皮书》，2001 年 4 月批准实施了《全国矿产资源规划》，2003 年 1 月开始实施《中国 21 世纪初可持续发展行动纲要》，在充分利用现有资源的同时，不断加快新能源的开发和利用。

在国土耕地方面，政府实行严格的审批制度，加快中国林业资源建设，在一些干旱地区或是荒芜的地方，退耕还林，进行地表植被建设。

在保护动植物方面，国家大力保护稀有动植物，对稀有动物实行国家保护制度，将濒危物种列为重点保护对象，有效避免了物种的灭绝。

在矿产资源方面，中国政府制定了一系列的资源开发政策，主张合理开发，节约利用，鼓励勘查开发有市场需求的矿产资源，特别是西部地区的优势矿产资源，以提高国内矿产品的供应能力。同时，引进国外资本和技术开发中国矿产资源，利用国外市场与国外矿产资源，推动中国矿山企业和矿产品进入国际市场。国外矿业公司进入中国，中国矿山企业走向世界，可以实现各国资源的有效互补。

在海洋资源方面，为了保护渔业水域的生态环境，中国政府制定了《渔业水质标准》，有关部门还制定了《贝类生产环境卫生监督管理规定》等规章制度，并采取了一系列管理措施，加强对海洋鱼、虾类产卵场、养殖场的生态环境保护。国家和沿海地区建立了多级渔业环境保护机构，全国建立了 15 个省级以上海洋渔业环境监测站，重点渔业水域建立了一批海洋生物保护区。1995 年，中国政府有关部门制定《海洋自然保护区管理办法》，加强海洋自然保护区的建设和管理。2006 年，全国沿海防护林体系一期工程完成，工程区森林覆盖率由 24.5% 上升到 35.5%；"全国沿海防护林体系二期工程建设规划"正在实施之中。

目前，全国已建成各级各类海洋自然保护区 90 个。这些海洋自然保护区保护了具有较高科研、教学、自然历史价值的海岸、河口、岛屿等海洋生境，保护了中华白海豚等珍稀濒危海洋动物及其栖息地，也保护了红树林、珊瑚礁、滨海湿地等典型海洋生态系统。

第四节　中国的科教兴国战略

一、科学技术的重要性日益显现

20 世纪 40 年代以来，人类在原子能、电子计算机、微电子技术、航天技术、分子生物学和遗传工程等领域取得的重大突破，标志着新的科学技术革命的到来。我们一般把这次革命称为"第三次科技革命"。它产生了一大批新型工业，第三产业迅速发展。其中最具划时代意义的是电子计算机的迅速发展和广泛运用，开辟了信息时代，带来了一种新型经济：知识经济。

当今社会科技进步日新月异，国际竞争十分激烈，国际竞争说到底就是以经济和科技为基础的综合国力的较量。一个国家能否在科技发展上取得优势，增强以经济和科技实力为基础的综合国力，最终决定一个国家在国际中的地位。

许多国家取得的巨大成就，都与推出重大科技发展计划有关。如德国的导弹计划，美国的"曼哈顿工程"、"阿波罗登月"计划，苏联的人造卫星计划，中国的"两弹一星"计划。20世纪80年代中期，许多国家把高新技术作为战略争夺的制高点。美国推出"星球大战"计划，日本推出超大规模集成电路计划，欧洲推出"尤里卡"计划。90年代后，许多国家又纷纷推出大型的发展高科技的系列计划。美国的高性能计算机与通讯计划、尖端技术开发计划、生物技术研究计划、新材料研究计划、国家信息基础结构研究行动计划；日本提出第六代计算机计划、亚洲新阳光计划等；加拿大实施关键性技术支持计划、绿色计划；韩国提出了高科技与开发计划、国家最先进计划和发展核能的中长期计划；中国提出"863"计划、"火炬"计划、"星火"计划和"攀登"计划，等等。

科技的迅速发展对经济发展起了巨大的推动作用。西方国家的工业生产年平均增长率在两次大战期间是1.7%，而在1950—1972年高达6.1%。1953—1973年的世界工业总产量相当于1800年以来一个半世纪工业总产量的总和。其中，科技进步的因素引起的产量值在发达国家的国民生产总值中所占比重起初为5%～10%，20世纪70年代增长至60%，现在已达到80%。

科技发展促进了社会经济结构和社会生活结构的变化。它造成第一产业、第二产业在国民经济中的比重下降，而第三产业的比重上升。为了适应科技的发展，各国大大加强了对科技的扶植和资金投入。随着科技的进步，人类的衣、食、住、行、用等日常生活的各个方面也发生了变革。

中国"长征"运载火箭发射（图片来源：南海网）　　科技改变农业（图片来源：北京乡村旅游网）

科技革命也推动了国际经济格局的调整。随着科学技术的发展和世界各国经济相互依存、联系的日益紧密，科学技术的竞争在国际经济竞争中的地位也日益重要。科学技术水平的差距，进一步扩大了发达国家同不少发展中国家的经济差距。在这场新的以科学技术为基础的国际竞争中，谁拥有了最新科技，谁就有效地掌握了认识今天

和把握明天的钥匙，谁就能赢得 21 世纪。因此，实施科教兴国战略具有重大的现实和战略意义。

二、中国科教兴国战略的实施

中国是一个发展中的大国，现阶段，生产力发展水平比较低，民族的科学文化素质还不够高。同时中国还存在着严峻的人口、环境、资源等问题。因此，中国必须实施科教兴国战略。通过大力发展科技促进国家经济的发展，增强中国企业在国际市场的竞争力。

"科教兴国"的理论基础是邓小平同志的"科学技术是第一生产力"思想。1977年，邓小平在科学和教育工作座谈会上明确把科教发展作为发展经济、建设现代化强国的先导，摆在中国发展战略的首位。从 70 年代后期到 90 年代初期，邓小平同志坚持"实现四个现代化，科学技术是关键，基础是教育"的核心思想，为"科教兴国"发展战略的形成奠定了坚实的理论和实践基础。

1992 年，在中国共产党第十四届全国代表大会上，江泽民同志指出："必须把经济建设转移到依靠科技进步和提高劳动者素质的轨道上来。"1995 年 5 月 6 日颁布的《中共中央、国务院关于加速科学技术进步的决定》，首次提出在全国实施科教兴国的战略。江泽民在会上指出："科教兴国，是指全面落实科学技术是第一生产力的思想，坚持教育为本，把科技和教育摆在经济、社会发展的重要位置，增强国家的科技实力及实现生产力转化的能力，提高全民族的科技文化素质。"1996 年，八届全国人大四次会议正式提出了国民经济和社会发展"九五"计划和 2010 年远景目标，"科教兴国"成为中国的基本国策。

1998 年经中央批准，国家科技教育领导小组成立，并于 6 月 9 日举行第一次会议。朱镕基总理主持会议时指出，要深入贯彻江泽民同志关于知识经济和建立创新体系的重要批示精神，国家要在财力上支持知识创新工程的试点，要加大对科技和教育的投入。

为了尽快地发展科技教育，培养出大批有用的人才，中国政府采取了一系列措施，保证科教兴国战略的顺利实施。

（一）大力发展教育事业

中国政府在最近的 20 年间建立了千余所职业技术学院，培养专门的职业技术人才，加大了对各级各类学校的扶持力度，在以教育为本思想的指导下，教育事业迅速发展，快速提高了国民的科学文化素质，为科教兴国打下了坚实的基础。1979 年至1997 年，普通高等学校累计向社会输送大学本专科毕业生 82.91 万人，为前 30 年的2.58 倍。到 2000 年，全国基本普及九年义务教育。国家重点建设 100 所左右的高校和一批重点学科（即"211 工程"）。与此同时，职业技术教育和成人教育在教育发展的宏伟计划中也得到了足够重视和巨大发展。

到 2006 年底，全国共有各类高等学校 2 273 所，在校生达到 2 300 万人，在学研究生人数超过 100 万人。自 2007 年起的 5 年时间内，国家财政将投入 140 亿元发展职业教育，培养适应现代化建设需要的高技能专门人才和高素质劳动者。

中国大力发展教育事业（图片来源：新华网）

（二）加大科技投入，充分重视人才

2006 年 2 月 9 日国务院发布的《国家中长期科学和技术发展规划纲要（2006—2020 年）》，确定了未来 15 年力争突破的 16 个重大科技专项，涉及信息、生物、能源、资源、大型飞机研发、载人航天与探月工程、环境和健康等重大紧迫问题。未来 15 年，中国将大幅度增加科技投入，建立多元化、多渠道的科技投入体系。到 2020 年，科学研究与试验发展经费占国内生产总值的比重将由 2005 年的 1.34% 提高到 2.5% 以上，科技进步贡献率达到 60% 以上。

同时，中国政府努力提高科技工作者待遇。进一步制定和完善各项激励政策措施，使广大科技人员的劳动与创新在分配上体现出来。积极创立良好公平的科研环境，对科研人员予以充分的支持和奖励。这些措施极大激发了科研工作者的积极性。

（三）增强自我创新能力

实施科教兴国战略，必须在有重点、有选择地引进先进技术的同时，增强本国的创新能力。在社会主义现代化建设中，根据经济发展的需要，按照平等互利、成果共享的原则，积极开展多渠道、多层次、全方位的国际科技交流与合作，这是毫无疑义的。同时要清醒地认识到，创新是一个民族进步的灵魂，是一个国家兴旺发达的不竭动力。一个没有创新能力的民族，难以屹立于世界先进民族之林。面对"知识经济"的挑战，我们必须坚持不懈地着力提高国家的自主研究开发能力，加快培育新的科技力量，迅速构建一个完整的国家科技创新体系。

20 世纪 80 年代以来是中国科学技术发展的黄金时期。通过科技攻关、技术引进和技术改造，解决了国民经济和社会发展中的一大批关键技术问题。2006 年，全国共登记科技成果 33 644 项，其中应用技术成果 30 103 项。

科技实力的增强使专利申请量也逐年增加。2006 年，全国受理发明、实用新型、外观设计三种专利申请总量达 333.4 万件；国家知识产权局受理专利申请 57.3 万件、授予专利权 26.8 万件，分别比上年增长 20.3% 和 25.2%。

到 21 世纪初，中国在高新科技领域的研究开发水平与世界先进水平的整体差距已明显缩小，60% 以上的技术达到或接近国际先进水平，其中包括原子能技术、空间技术、高能物理、生物技术、计算机技术、信息技术、机器人等。2003 年、2005 年两次载人飞船的发射成功，标志着中国航天技术的跨越式进步。根据 2004 年 2 月启动的月球探测计划，中国将于 2020 年前完成采集月壤样品的工作。

第五节　中国的可持续发展战略

当今社会，人口多而且增长速度快，环境日趋恶化，资源浪费严重，一些重要资源接近枯竭，人们现在以及后代的生存环境面临严峻的挑战，如果不能合理使用地球资源，保护好人类生存的家园，人类将会面临严重的危机。

人类已经认识到问题的严重性，并积极努力改善我们的地球家园。世界环境与发展委员会于 1987 年发表的《我们共同的未来》提出了"可持续发展"的主张。可持续发展的实质就是协调人口、资源、环境同经济之间的关系，既要考虑当前需要，又不会对未来的需要造成危害。这是人类走向美好未来的根本出路，也是人类求得生存和发展的唯一途径。

可持续发展战略已为国际社会广泛接受和认同。同时它也是中国彻底摆脱贫穷，走出人口、资源和环境困境的唯一选择。在 1992 年世界环境发展大会以后，国务院组织编制了《中国 21 世纪议程——中国 21 世纪人口、环境与发展白皮书》，提出了人口、经济、社会、资源和环境相互协调，可持续发展的总体战略、对策和行动方案，并已经开始了具体的行动。

一、中国实施可持续发展战略的现实依据

（一）随着人口增长，自然资源日趋紧缺，有些资源已接近承载极限

总体来说，中国是一个资源短缺的国家。在今后一个时期内，随着人口的持续增长，各种有限资源的人均占有水平还将持续下降，对资源的需求水平却会大幅度上升。这种矛盾主要表现为：一是重要资源的人均占有量短缺。如人均耕地面积仅相当

于世界平均水平的 1/3，人均森林面积不足 1/6，人均草原面积不足 1/2，人均矿产资源也只有 1/2。二是严重的结构性短缺。具体来说主要包括总体资源的结构性短缺，如全部资源中除煤炭十分丰富外，其余较丰富的多为经济建设需求量小的金属和非金属矿藏；同类资源的结构性短缺，如石油、天然气等优质能源所占比例偏低，煤等劣质能源所占比例过高；开发条件的结构性短缺，如铁、磷等矿产资源也较丰富，但多为贫矿，增加了采炼的成本。

（二）环境污染蔓延，自然生态恶化

人类社会发展的历史，可以说就是人类与环境相互作用的历史。一方面，人类的生存与发展离不开一定的环境，环境对人类社会、经济的发展等产生重要的影响；另一方面，人类社会特别是经济活动直接作用于环境，特别是盲目追求经济利益的时期，极易造成环境恶化，这种环境恶化现象又会危及人类自身的生存与发展。中国人口规模庞大，且仍在继续增长，很多地方经济处于起步阶段，一些地方政府片面追求经济利益，环境保护制度不完善，这些都给生态环境带来了沉重压力。

二、中国实施可持续发展的措施

可持续发展的目的在于使人口、经济、社会、资源、环境等协调发展，以最小的代价换取整个社会的可持续发展。结合中国的具体国情，正确贯彻可持续发展战略，需要做好以下几个方面的工作：

第一，把近期利益与长远目标结合起来，实现人口增长、经济发展与资源、生态、环境之间的长期平衡发展。不能为了眼前利益，损害未来利益。

第二，控制人口数量，提高人口质量，建立完善的人口管理体系。人口问题一直是困扰中国政府的大问题，人口问题处理不好，会带来一系列的社会问题。必须坚定不移地实行计划生育政策，控制人口数量，提高人口素质。

第三，维护资源基础，不断提高资源利用效率，建立节约环保的资源利用体系。防治环境污染，保障人民身心健康，促进经济社会发展。

第四，加快促进科技开发和生产结合，建立创新、实用的技术体系。

第五，积极发展教育事业，全面提高国民素质，积极扩大职业教育，建立适应技术进步和经济发展的教育体系。

第六，积极开展国际间的技术交流与合作，相互借鉴和吸收经验，并探索中国特色的可持续发展道路。

归根结底，人类只有协调好与自然的关系，控制人口数量，提高人口素质，珍惜自然资源，保护生态环境，才能够实现资源与人口的可持续发展。

思考题

1. 中国在实行计划生育过程中采取了哪些积极措施？
2. 如何实施科教兴国？
3. 结合中国的环境现状和你们国家的环保政策，谈谈如何治理污染和改善生态环境。

第六章　中国传统思想

中国传统思想文化博大精深，它所具有的巨大精神力量是其他文化形式难以替代的，它对中国的文学、艺术、史学、科学、教育等都产生过重大的影响，也是几千年来中国古人从事各种活动的指导。

而且，中国几千年来的历史积淀，使得传统思想一代一代地不断丰富和积累，现在我们后人所面对的是一个繁复庞大的精神宝库，要想彻底地分析或者重新评价它，都是非常困难的事情。

其实，从整个中国思想史的发展，以及对后世的影响力来看，中国传统思想大致可以分为原始儒家、原始道家、中国化的佛教以及宋明理学等几个思想体系。把握住了这些思想体系的内在逻辑，以及它们对中国文化的作用，就可以说基本把握了中国传统思想的主干和精髓。

不过，因为中国化的佛教主要是宗教思想，因此我们将把它放在中国传统宗教的章节中来介绍。而在本章中，我们将从原始儒家、原始道家以及宋明理学等三个方面来分析中国传统思想。

第一节　原始儒家

儒家思想，又称儒学，也有人认为它是一种宗教而称之为儒教，自汉代起指由孔子创立的后来逐步发展为以"仁"为核心的思想体系。

儒家思想在中国两千多年的封建发展历程中，一直占主流地位。一般认为，自从汉武帝"罢黜百家，独尊儒术"之后，儒家思想在中国的政治、思想、教育、礼仪文化等诸方面都是指导性的思想，也是历代统治者一再强调和尊崇的官方思想。不仅如此，儒家思想还对中国周边国家和地区，乃至全世界都产生过深远的影响。无论华人走到哪里，都会把儒家思想带到哪里，并且会合儒家思想继续发扬光大。可以说，儒家思想是中国传统社会文化价值的核心所在，也是华夏民族的文化和民族特色所在。

当然，儒家思想在两千多年的发展历史中，也有着自身不断丰富和发展的过程。比如汉儒董仲舒等人"天人感应"观念的附会，再如宋明理学借助佛教思想对儒家思想的融会贯通，乃至当今新儒家在新的时代对儒家思想的再造和新阐释，等等，这些方面都是儒家思想的新发展。

不过，这些新的发展都离不开儒家思想的本原性的核心思想，而要弄清这个核心，就必须溯源穷本，我们必须从儒家思想的开端来分析，也就是从原始儒家来切入正题。所谓原始儒家，主要是指在春秋战国"百家争鸣"时代形成的以孔子、孟子等为主要代表的儒家思想。原始儒家的经典有《诗》、《书》、《礼》、《乐》、《易》、《春秋》等，据说是孔子教学的用书。早期儒家自己的著作有《论语》、《孟子》、《荀子》、《大学》、《中庸》等。

一、孔子和孟子

原始儒家思想创始人是孔子（公元前551年—前479年）。

孔子

孔子是春秋末期思想家、教育家。因为父母曾为生子而祈祷于尼丘山，故名丘，字仲尼。鲁国陬邑（今山东曲阜东南）人。据说他曾经修订过《诗》、《书》，编定《礼》、《乐》，给《易》作过序，修编《春秋》。

孔子曾经这样评价自己的一生："吾十有五而志于学，三十而立，四十而不惑，五十而知天命，六十而耳顺，七十而从心所欲，不逾矩。"（《论语·为政第二》）从这句话可以清楚地看出孔子生平思想的脉络，这也是孔子对自己一生的总结。

据说，孔子 3 岁丧父，不久母亲也去世了。孔子幼年时期，经常"为儿嬉戏，常陈俎豆，设礼容"（《史记·孔子世家》）。也就是说少儿时期的孔子即使在游戏的时候，也是在学习当时的礼仪，这种潜移默化的影响就为孔子后来成人后倾心于周礼奠定了基础。虽然孔子小时候家境贫寒，但是在 15 岁的时候就立志于学。刻苦学习当时的礼、乐等知识，到成人之后，做过一些小官，比如管理仓库的"委吏"和管理牛羊的"乘田"。

青年时期的孔子依然勤奋学习，相传他曾问礼于老聃，学乐于苌弘，学琴于师襄。在 30 岁的时候，他基本形成了自己独立的见解，成为一位学识渊博的学者，并开始创办私学，广收门徒，开始了教育事业。到 35 岁时，曾经一度离开鲁国到齐国，不久又返回鲁国，继续培养和教育学生。孔子 51 岁时，任鲁国中都宰（今汶上西地方官）。一年的时间，颇有政绩。所以在 52 岁时由中都宰提升为鲁国司空、大司寇。公元前 500 年（鲁定公十年），鲁国、齐国在夹谷这个地方举行聚会，孔子提出"有文事者必有武备，有武事者必有文备"（《史记·孔子世家》），也就是说虽然是外交聚会，但也应该准备好军事力量。在这次聚会中齐景公想要威胁鲁国国君，孔子则据理力争，使齐侯不得不答应定盟和好，并将郓、鄟、龟阴三地归还鲁国。之后，孔子 54 岁时，官职更大了。不过，他的一些政治主张，因为涉及权贵利益，所以受到阻挠。在 55 岁时，鲁国君臣接受了齐国所赠的文马美女，终日迷恋声色。孔子觉得非常失望，于是就辞官离开鲁国，开始带领弟子周游列国。不过，虽然这中间据说"干七十余君"，也就是会见了七十多个国君，但是，孔子的政治主张都不被他们所采用。最后公元前 484 年（鲁哀公十一年），鲁国季康子听了孔子弟子冉有的劝说，才派人把孔子从卫国迎接回来。

这时候，孔子已经六十多岁了，他回到鲁国后，也不再求官，而是集中精力继续从事教育及文献整理工作。在 69 岁时，他的儿子孔鲤去世。71 岁时，得意门生颜回也病死了。孔子非常悲痛，哀叹道："天丧予！天丧予！"（《论语·先进第十一》）就是说，这是天要亡我啊，天要亡我啊。这一年，又有人在鲁国西部捕获了一只叫麟的怪兽，不久这只怪兽就死了。孔子认为象征祥瑞的麒麟出现又死去，是天下大乱的不祥之兆，便停止了《春秋》一书的编撰。72 岁时，又听说自己的学生仲由在卫国死于国难，就更加悲痛了。接二连三的打击，最终损害了孔子的身体，使孔子失去了对未来的信心，在第二年（前 479 年）夏历二月，孔子因病去世。

孔子一生都保持勤奋刻苦的学习和钻研，并以教育事业为人生目标。据《史记》记载，他一生培养弟子三千余人，其中贤者，也就是能够熟练掌握六艺（礼、乐、射、御、书、数）的有七十二人。孔子去世之后，他的学生根据孔子平日的言行，整理后编订成《论语》一书。《论语》成为后世儒家思想的经典，从中我们可以看到孔子生动的言行和思想。现存《论语》共 20 篇，492 章，其中记录孔子与弟子及时人谈论之语约 444 章，记孔门弟子相互谈论之语 48 章。

孔子之后，子思等人传承了孔子的思想，到了战国时期，孟子则进一步发扬和丰富了儒家思想。

孟子（公元前372年—前289年），远祖是鲁国贵族，后来家道衰落，从鲁国迁居到邹国（现在山东邹城）。他3岁丧父，孟母将其抚养成人。历史传说有"孟母三迁"的故事，《三字经》中也有"昔孟母，择邻处，子不学，断机杼"的说法，意思就是说孟母为了给儿子一个好的学习环境，而不断迁居，最后迁居到学堂附近；而一次孟子逃学，孟母就割断织的布匹来教育孩子学习要持之以恒。

孟子师承孔子的学生子思，接受了儒家思想的教育和熏陶。孟子学成之后，也像孔子一样周游列国，向国君们游说他的"仁政"和"王道"思想。但由于当时正是战国时期，各诸侯国忙于战争，没有国君愿意采用孟子的治国思想。后来，孟子也著书立说，著有《孟子》一书，成为后世儒家经典之

孟子

一。孟子的老师是子思（孔子的嫡孙），从而使得孟子能够继承、发扬孔子的思想，成为仅次于孔子的一代儒家宗师，被后世称为"亚圣"，与孔子并称为"孔孟"。南宋时候的朱熹将《孟子》与《论语》、《大学》、《中庸》合在一起称"四书"，成为中国古代传统的儒家经典。

二、孔孟的思想

以孔、孟为代表的原始儒家的思想核心是"仁"，由"仁"出发，儒家思想建立了自己一整套的理论体系。

首先，什么是"仁"呢？

在春秋时期，"仁"的最初含义主要是指人的外表、气质等方面，比如《诗经·郑风·叔于田》中说："叔于田，巷无居人。岂无居人？不如叔也。洵美且仁。"这首诗写一位贵族"叔"打猎时候的风姿，由于他比众人都英俊威武，有男子气概，所以这首诗中就评价他说"洵美且仁"。

不过到了孔子以后，"仁"开始从外在的容貌、气质、风度等转变成为一种道德评价。在原始儒家的思想体系中，就认为："仁者，人也"（《礼记·中庸》）；"仁也者，人也"（《孟子·尽心下》）。这就是说，人之所以成为人，正是因为人具有"仁"这样一种内在的品质和道德规范。儒家思想中的人是一种道德的动物，他追求一种道德的生活，并在这种生活中塑造、完善自己，正是在这一点上，人将自己与其他动物

从本质上区别开来。所以由崇拜容貌、气质、力量，进一步发展为道德的自觉和反省。这种道德的自觉和反省正是儒家思想的第一块奠基石。

其次，"仁"既然是一种道德，那么这种道德的内涵是什么呢？

在儒家思想中，仁的道德含义就是"爱人"。在《论语·颜渊第十二》中，"樊迟问仁。子曰：'爱人。'"这里孔子说的"爱人"，正是从这个方面来说的。对人友爱，充满着爱意、同情之心，才能达到儒家所谓的"仁"的境界。仁作为一种道德，是孔子最为推崇的。在孔子看来，仁德是做人的根本，是处于第一位的。孔子说过这样一句话："人而不仁，如礼何？人而不仁，如乐何？"（《论语·八佾第三》）意思就是：作为一个人却没有仁慈之心，那么讲究礼仪还有什么用处？作为一个人却没有仁慈之心，那么用来平和内心的音乐还有什么用处？所以，只有有了仁德之心，才会对人生有所裨益。孔子曾说："弟子入则孝，出则弟，谨而信，泛爱众，而亲仁。行有余力，则以学文。"（《论语·学而第一》）这句话是说：年轻人在父母身边就要敬爱兄长，做事要谨慎，说话要诚实，要广泛爱护众人，亲近有仁德的人。这样做了之后，如果还有精力，就去学习文化知识。可以看出，仁德在青年人的成长生活中占有很大的比重。

仁德之心就是爱人，而且在儒家思想中"仁"还体现为一种博大的同情心。孔子说："夫仁者，己欲立而立人，己欲达而达人。"（《论语·雍也第六》）自己要站得住，同时也要使别人站得住；自己要事事行得通，同时也要使别人行得通。儒家的理想就是把仁爱的精神从亲人推及所有的人。孔子曾说："四海之内皆兄弟也。君子何患乎无兄弟也？"（《论语·颜渊第十二》）正是这种博大胸怀的体现。而在孟子的论述中，这种"爱人"的儒家仁德思想更被丰富和发展成为一种"恻隐之心"。孟子认为人性本善，只要是人，都有善心，天生都有恻隐之心，性善能对别人的痛苦与欢乐产生共鸣。孟子说："今人乍见孺子将入于井，皆有怵惕恻隐之心。"（《孟子·公孙丑上》）怵惕是害怕、担惊受怕的意思。而恻隐这个词经常表示对他人的不幸、危难遭遇而产生的哀痛、同情的情感。孟子认为，每个人都有这样的恻隐之心，例如人看见孩童要掉入井中，都必然会产生怵惕恻隐之心。这种恻隐之心不是因为认识这个孩子的父母或者是亲属关系，不是为了任何目的，而完全是人的情感的真实流露。孟子进一步认为"恻隐之心，仁之端也"（《孟子·公孙丑上》），这就将恻隐之心看做是儒家"仁"的思想发端了。

再次，除了"爱人"之外，"仁"的思想还体现在它自身的宽容忠恕方面。

在《论语》中，有这样的一段对话："子曰：'参乎！吾道一以贯之。'曾子曰：'唯。'子出，门人问曰：'何谓也？'曾子曰：'夫子之道，忠恕而已矣。'"（《论语·里仁第四》）这段对话的意思是孔子对学生曾参说，我的理论有一个中心思想。曾参说，明白。孔子出去之后，其他同学赶紧问曾参：这个中心思想是什么呀？曾参说：先生的理论，可以用两个字来概括：忠恕而已。

那么什么是忠恕呢？按照朱熹的解释，尽己之心以待人谓之忠，推己之心以待人谓之恕。用自己的心意来看待别人就是忠，而从自己的心意出发来看待别人就是恕。孔子在另一次和学生的对话中就对忠恕有更为明确的解释："子贡问曰：'有一言而可以终身行之乎？'子曰：'其恕乎！己所不欲，勿施于人。'"（《论语·卫灵公第十五》）这里说学生子贡问孔子：有没有一句话可以终身奉行呢？孔子就回道：那就是恕吧！自己所不想要的东西，也不要施加给别人。

忠恕的这种价值观念是儒家思想的独特贡献，有了这种宽容和理解，才会给人际交往以基础，给人际交往带来和谐，才更会为人和人之间的彼此仁爱带来可能。

最后，明确了儒家"仁"思想的内涵之后，那么如何实践"仁"，或者说让人拥有"仁"的美德呢？

在《论语》中，孔子认为"仁"的获得必须使天下恢复到周礼的约束之中，也就是所谓"克己复礼为仁。一日克己复礼，天下归仁焉。"（《论语·颜渊第二十二》）只有克制自己，让言行符合礼仪就是仁了。一旦能够做到言行符合礼仪，天下的人就会赞许你为仁人了。在这里孔子就认为"仁"不仅仅是一种简单的事情，不仅仅是先天所直接拥有的，而是后天不断努力修养的结果。而且孔子对"仁人"的道德还有一些标准，比如孔子说"刚、毅、木、讷近仁"（《论语·子路第十三》）。这就是说，刚强、果断、质朴、语言谦虚的人接近于仁德。

而在实际生活和人际交往中，能够实行并达到"恭、宽、信、敏、惠"（《论语·阳货第十七》）这五项标准的人则可以是仁人了。这五项标准是恭谨、宽厚、信实、勤敏、慈惠。他说，对人恭谨就不会招致侮辱，待人宽厚就会得到大家拥护，交往信实别人就会信任，做事勤敏就会取得成功，给人慈惠就能够很好使唤民众。孔子说能实行这五种美德者，就可算是仁了。

其实，达到"仁"的境地是需要不断努力的，孔子还要求人能够"博学于文，约之以礼，亦可以弗畔矣夫"（《论语·颜渊第十二》），就是说，要广泛学习，用礼仪来约束自己的行为，这样就不会背离正道。当然，对于儒家最高人格典范的君子来说，做到这一点还不够。要成为"仁"，还必须有勇气和胆略。为了达到"仁"，个人甚至可以牺牲生命："志士仁人，无求生以害仁，有杀身以成仁。"（《论语·卫灵公帝十五》）为了成全仁德，可以不顾自己的生命。"仁"后指维护正义事业而牺牲生命。这种儒家正统的君子仁德的观念对后世中华民族的民族精神的传承和赓续起到了重要的作用。

第二节　原始道家

在中国传统思想中，和儒家思想相对的就是道家思想。道家思想也产生在春秋时代，那时"百家争鸣"，思想交锋异常活跃。道家思想的代表人物老子和庄子也正是在这个时代的背景下著书立说、传播思想的。

当然，和儒家思想一样，道家思想一经诞生，就在几千年的中国思想史中不断丰富和发展。尤其在汉魏之后，在道家思想的基础之上，中国本土的道教也应运而生。道教利用了老子、庄子的一些主要思想作为基础，发展形成了一系列的宗教理论、宗教仪式、宗教人物等。其主要的变化我们将放在中国的宗教一节中介绍。在本节中，我们将主要分析以老子、庄子为代表的原始道家的思想。

一、老子和庄子

关于老子的生平经历，现在还有很多种说法。一般认为老子姓李名耳，字伯阳，又叫老聃。他大约出生在公元前 600 年，是春秋时期楚国苦县（今河南鹿邑东）厉乡曲仁里人，现在当地还有后人祭拜老子的庙宇遗址。老子曾在东周帝国的首都洛阳担任过"守藏室之史"（相当于今天的国家图书馆馆长）的官职。老子知识渊博，声名远播，据说，孔子比他年轻，也曾从曲阜前往洛阳去向老子请教关于周代礼仪的问题。

传说老子在老年时候，感到当时周朝逐渐衰落，政局动荡，时事艰难，所以就辞去官职，离开周朝首都洛阳，骑着一头青牛向西漫游。经过函谷关时，守关的官员叫尹喜，他发现远处的关谷中有一团紫气从东方冉冉飘移过来，他就认为这是有圣人来了。过了一会儿，就见到一位仙风道骨的人，骑着一头青牛慢慢向关口行来。正是老子！关令尹喜知道他要西游，就一定要让这位当代最著名的思想家留下他的智慧来，于是要他写一点东西，作为放他出关的条件。老子同意了。老子先写了上篇，又接着写了下篇，据说写了几天。写完了一数，共有五千来字，取名为《道德经》，上篇叫《道经》，下篇叫

老子

《德经》，分成八十一章。老子完成《道德经》之后就出关了，他一直向西漫游，就再没有人知道他的下落了。这就是著名的老子出关的故事。老子留下的《道德经》，又被后人称为《老子》，后来成为道家思想最主要的经典之一。

在老子之后，继承老子道家思想的是庄子。

庄子生活在战国时期，大约出生在公元前 369 年。庄子名周，字子休，是宋国蒙地（今河南商丘东北）人。他曾做过宋国蒙地方的漆园吏，也就是掌管地方漆树种植和漆脂生产的小官吏。传说庄子从小就聪明好学，与惠施为同学、挚友，曾经南游楚

国和越国等地，探访当地风俗。庄子一生率性任真，崇尚自然，非毁礼法，傲视王侯。据说楚威王曾以厚礼聘其为相，被他拒绝，从此终身不当官。庄子后来退隐山林，以编草鞋和钓鱼为生，过着贫寒的生活。但他却怡然自得，读书写作，并著书十余万言，传之后世。在公元前286年，庄子去世。《庄子》一书是他和他的后学所作，共三十三篇，分内篇、外篇和杂篇，又称《南华经》。

庄子的学说继承了老子的道家思想，他的学说涵盖当时社会生活的方方面面，但根本精神还是归依于老子的哲学。后世将他与老子并称为"老庄"，他们的思想就是原始道家的思想。

二、老子的"道"

和孔孟的思想体系以"仁"为核心一样，以老庄为代表的原始道家思想也有一个中心思想与理论基础，那就是"道"。

什么是"道"呢？

老子认为"道"是宇宙的本源，也是统治宇宙中一切运动的法则。老子曾在《道德经·第二十五章》中说："有物混成，先天地生。寂兮寥兮！独立而不改，周行而不殆，可以为天地母。吾未知其名，强名之曰道。"老子这句话的意思就是说：有一种事物在天地创生之前产生，它无声又无形，单独存在而又不随着变化，并且运行恒常，不停止不熄灭，它是万物的根本。我们不知道它的名字，所以用"道"来勉强称呼它。

"道"是万物的根本，是天地的本原，不过人们却不能在现实世界中真实见到。老子还说："道，可道，非常道；名，可名，非常名。"（《道德经·第一章》）这句话的意思就是说："道"是可以用道理来说的，不过却不是平常的"道"；"名"也是可以用名字来命名的，却也不是平常的"名"。在老子看来，"道"是天地自然背后隐藏的规律性的存在，日常生活中人们所看到的道都不是这个永恒的天地万物之"道"。

"道"是一个有点神秘的、实有的存在体。老子认为道是宇宙间永远存在的、绝对的，它不会因为外物的变化而消失，它是永远运动的或变化着的事物。"道"不同于时空中的具体事物，它是无限广大的，不能用具体名词来限定它。

"道"存在，但人们又不能用日常语言来清晰地解释它。那么怎么办呢？老子认为："道之为物，惟恍惟惚。惚兮恍兮，其中有象，恍兮惚兮，其中有物，窈兮冥兮，其中有精，其精甚真，其中有信。"（《道德经·第二十一章》）这一段的意思是说，"道"非常神秘，不能用语言说明，但是人们可以从"道"的外在表现"象"、"物"等来得到它的大致模样。

既然"道"是天地的根本和本原，那么人类的各种社会活动都要遵循"道"，否则就会遭遇挫折。这也就是老子所说的"人法地，地法天，天法道，道法自然"

（《道德经·第二十五章》）。人取法于地，而地则取法于天，天取法于道，道则自由自在，浑然天成，不受任何外力所左右。可以说，人类的行为并不是自由的，只有取法那种自由自在的"道"，才能间接获得自由。这种观念形成了道家思想的核心——遵循天地大"道"。

道家思想在政治、思想方面的影响就是主张自然无为。"自然"是指不加强制力量而顺其自然的心态。"无为"即"好静"，"无事"、"无欲"，当然，无为并不是什么都不做，而是不特意去做某些事，顺其自然。老子说"无为而无不为"（《道德经·第三十七章》）的意思是，不妄为，就没有什么事情做不成的，这里"无为"仍然是一种处理事情顺其自然的态度，"无不为"是指不妄为所产生的效果。

自然无为的这种思想影响在政治思想上，就是老子的"小国寡民"的思想。老子说："小国寡民，使民有什伯之器而不用，使民重死而不远徙。虽有舟舆，无所乘之；虽有甲兵，无所陈之，使民复结绳而用之。甘其食，美其服，安其居，乐其俗。邻国相望，鸡犬之声相闻，民至老死不相往来。"（《道德经·第八十章》）这就是说，国家要尽量小，人民百姓也要尽量少，即使有了器具、车船、武器，人们也不去使用它们。甚至连文字也不要。必须使人民看重生命，不到处搬迁，使人民有吃有穿，能够安居乐俗，不要有其他非分之想。相邻的国家，鸡狗的叫声都能相互听得到，但人民到老死也不相互往来。这段话的含义就是，老子认为社会之所以混乱，互相争夺，原因就在于人们欲望的过分、法令的繁多、知识的追求和讲究虚伪的仁义道德等。

人们之所以要讲仁义忠孝那一套，都是因为大道废弃、六亲不和、国家混乱。那些仁义忠孝的礼仪是人们所强加的，是不自然的。老子认为只有取消了那些人为的道德规范和礼仪，就能够使天下太平，重新回到人类最初的一切纯任"自然"、完全"无为"的社会。

老子所追慕向往的社会，正是远古的原始社会。老子的幻想在一定程度上反映了春秋战国时代战争频繁、生活动荡不安、统治者对人民的残酷剥削、人民迫切要求安静修养和减轻剥削的愿望。

当然，老子的"自然无为"思想对后世影响更多地体现在个人的人格修养上。老子所说的"道"作用于人生，便叫做"德"。这就是强调个人修身养德、养生。在个人修为方面，老子主张为人应淡泊名利，追求精神的超脱解放，如果执著于外在的物欲和功名利禄，就没有自由了。人们在欲望的追求中，往往不知道自己身在何处，怎样解脱。老子认为应"致虚极，守静笃"（《道德经·第十六章》）。即虚怀若谷，持重守静。重新获得与自然天地的沟通，才能最终达到独与天地精神往来的境界。

三、庄子的"逍遥"

庄子在哲学上，继承并发展了老子的思想，他首先认为"道"是客观真实的存在，也把"道"视为宇宙万物的本原。他说："道之真以修身，其绪余以为国家，其土苴以为天下。"（《庄子·让王篇》）意思是，大道的真髓、精华用以修身，它的余绪用以治理国家，它的糟粕用以教化天下。又说："无以人灭天，无以故灭命，无以得殉名，谨守而勿失，是谓反其真。"（《庄子·秋水》）意思是，不要为了人工而毁灭天然，不要为了世故去毁灭性命，不要为了贪得去身殉名利，谨守天道而不离失，这就是返璞归真。

庄子

这种遵循"道"的出发点，使得庄子的思想产生了一种"天地与我并生，万物与我为一"（《庄子·齐物论》）的"逍遥"精神。

在庄子看来，人生最高的境界就是摈弃那种外在的礼仪束缚，达到内心和世界万物的"天人合一"的境地。在庄子看来，"天"就是和"道"一样是自然的，是真实的，而"人"则是人为的，不是真实的，是虚妄的。在《庄子·秋水》中有这样的论述："曰：'何谓天？何谓人？'北海若曰：'牛马四足，是谓天；落马首，穿牛鼻，是谓人。'"这里是河伯问北海若，什么是天、什么是人、北海若回答说，牛、马天生都有四条腿，这就是天；而后天人们用各种工具把马套上笼套，给牛的鼻子穿上缰绳，从而使得马整日低首劳作，牛终日耕于农田，这就是后天的"人"。

有关庄子的一个小故事，也说明"天"和"人"的关系。传说，庄子的妻子死后，好朋友惠施去吊丧，却看到庄子蹲在地上，鼓盆而歌。惠施责怪庄子："你不哭也就够了，还鼓盆而歌，不是太过分了吗?!"庄子则说："不然。是其始死也，我独何能无概然。察其始，而本无生，非徒无生也，而本无形。非徒无形也，而本无气。杂乎芒芴之间，变而有气，气变而有形，形变而有生。今又变而之死，是相与为春秋冬夏四时行也。人且偃然寝于巨室，而我嗷嗷然随而哭之，自以为不通乎命，放止也。"（《庄子·至乐》）这番话的意思就是：人本来就没有生命，混杂在混沌迷茫之中，慢慢产生了气，气又聚成了人形，人形又变成了生命。现在人死了，只不过是恢复了原来的样子罢了，这就同春、夏、秋、冬循环是一样的。现在自己的妻子不过是安寝于天地之间，自己要是在旁边号啕大哭，那就是不明白人的生命是怎么一回事了，所以庄子自己才不哭。

庄子的这个故事说明了这样一个道理，人的生老病死只是自然的一个过程，人的死亡只是符合天地之道的。而亲人的悲伤是一种人为的表现，是不能明白"天"的道理的表现。所以庄子才会有这种和常人不一样的表现。

因此，"天"和"人"相比较而言，庄子认为顺乎天是一切幸福和善的根源，顺乎人是一切痛苦和恶的根源。自然和人为之间的区别，以及不同的结果，使得庄子对"人"是贬抑的，而对"天"是尊崇的。所以人只要能够顺应"天"就能够得到真正的幸福——逍遥。

《庄子·逍遥游》里讲了一个大鸟和小鸟的故事。两只鸟的能力完全不一样。大鸟能飞九万里，小鸟从这棵树飞不到那棵树。可是只要它们做到了它们能做的、爱做的，它们都同样地幸福。所以万物的自然本性没有绝对的同，也不必有绝对的同。《庄子·骈拇》篇说："凫胫虽短，续之则忧。鹤胫虽长，断之则悲。故性长非所断，性短非所续，无所去忧也。"野鸭的腿虽然很短，但是如果人为再接续上一些，则就会让野鸭不舒服；仙鹤的腿长，但是如果断了，就是一件悲惨的事情。鸟的腿或短或长都是自然的，不要随意地人为增减，遵循自然就是最幸福的事情。

因此，在庄子看来，人们要获得幸福，就要和"天"的自然相合一。这也就是天人合一的观念。而要做到这种"天"和"人"的合一，首先要打破人们原先就存在的那种旧有的束缚，突破人们心中的物我界限的思想。这是因为，人们总是把人看得高于万物，这样就不可能和万物结合，不可能认识到天道的存在。

其实，庄子认为物我之间没有真正的区别，也是《齐物论》的主要中心思想。世界万物包括人的品性和感情，看起来千差万别，归根结底却又是齐一的，这就是"齐物"。人们只要认识到万物之后的"道"就可以真正达到"齐物"的境界，进而在"齐物"之上的境界就是要进入"逍遥"心境。庄子认为，逍遥，也就是心灵的绝对自由，只有在泯灭了心物之间的界限之后才能做到。

《庄子·逍遥游》里说有个人名叫列子，能够乘风而行。不过，由于他必须依赖风，所以他的幸福在这个范围里还是相对的。接着庄子问道："若夫乘天地之正而御六气之辩，以游无穷者，彼且恶乎待哉？故曰：至人无己，神人无功，圣人无名。"这里庄子的理想就是要人能超越自己与世界的区别、"我"与"非我"的区别，进而能够与道合一。因为"道法自然"，道是不受任何约束的，所以道不去追求什么，但是却会给万物带来一切；谛得大道的人与道合一，所以遵循大道，泯灭自我，遵循社会规律，对万物不加干涉，让每个人充分地、自由地发挥自己的自然能力。这样才能真正地达到万物"逍遥"的目的。而这些正是庄子思想的最高境界之一。

第三节　宋明理学

中国传统思想史发展自先秦的原始儒家和原始道家，在后世的发展过程中，不断得到丰富和发展。其中，东西两汉之际，以阐释儒学经典为中心，兴起了今文经学和古文经学；魏晋时期，社会生产力的发展和频繁的战乱带来个体生存的自觉，在此基础上出现了以老庄思想为主旨、糅合儒家经义的魏晋玄学。这两种思想流派延承并丰富了儒家和道家的思想。与此同时，佛法东传使得佛家教义开始在中国流行，并逐渐与中国本土思想相融合。儒、道、佛三派学说相互对峙、冲撞、渗透、融合，最终形成了宋代之后中国思想的新走向，这就是宋明理学。

一、宋明理学产生的背景

"理学"是对宋明时代儒家学说的大致说法，也被称为"道学"。宋明理学是宋明（包括元及清）时代占主导地位的儒家哲学思想体系。

宋明理学出现的原因可以从以下两个方面来分析：

首先，从汉代起的经学出现后，儒家学者就开始对经书的一字一句详加研究，希望能了解它真正要表达的意思。

由于汉代之后以儒家为正统，统治者又迫切需要经学来作为统治权力的依据、解释世界的支撑和伦理道德的规范，所以解释经学典籍是非常重要的。但是，对于后世的儒家学者来说，先秦的经学典籍内容有些已经难以理解，甚至充满争议了，那就需要大量的人力来进行解释经学的活动。国家也对这项活动进行了大量的支持，因此，汉代经学研究十分繁荣。

不过，经学最后渐渐发展到了末路。到了唐代，从韩愈等人开始，就开始为儒家思想寻找另外一条道路，这就是从"我注六经"到"六经注我"的转变，也就是学者从对儒家经典"四书五经"的作注，转变为寻求儒家经典表现出的"道"的研究。到了宋代，儒家学者就走出了汉代经学的束缚，开始对儒家经典的义理、身心修养等问题展开研究。这也是中国学术史上著名的"汉学"和"宋学"的区别。

其次，宋明理学的学者普遍都受到过佛教思想的影响。佛教中国化的禅宗所宣扬的"心性说"更是为后来的宋明理学"性即理"或"心即理"拓展了思想的路径。宋明理学的很多观念都可以上溯到佛教中的一些具体命题。儒、道、佛三家思想的互相交融才真正促使了宋明理学的出现。

二、北宋的理学家

北宋初年，胡瑗讲"砥砺气节"，孙复讲"经世济人"，都把儒家纲常比配天道，这开了宋代理学的先河。

之后，理学的代表人物有张载、周敦颐、程颢、程颐等人，被后人称为北宋"理学四大家"。

张载（1020—1077）曾居住在现在的陕西省眉县横渠乡，因此被人称为"横渠先生"。因为张载在关中（今陕西）地区讲学，所以被称为关学学派的创始人，关学是他在关中地区讲学而形成的一个大的学派。

张载提出了以"气"为核心的宇宙结构说。他认为天地是万物和人的父母，天、地、人三者混合，处于宇宙之中，因为三者都是"气"聚而成的物，天地之性，就是人之性，因此人类是我的同胞，万物是我的朋友，万物与人的本性是一致的。但天下万物又不是绝对平等的，有严格的秩序的。人应该承认、遵守这种等级，应该遵守伦理道德，这也是天经地义的事，是命运的安排，任何人都不能逃避这种义务。张载还认为人都有善良的天性，但是要通过后天的努力才能达到"天地之性"。张载的思想具有强烈的经世致用的目的。他曾说过这样的话："为天地立心，为生民立命，为往圣继绝学，为万世开太平。"① 意思就是自己的学说要为天地建立良心，为百姓建立天命，为过去圣人传承思想，为后来的世界开创太平。可以看出他强烈的社会责任感和精神。

周敦颐（1017—1073）因为在庐山之麓建了一个濂溪书堂，所以被人称之为"濂溪先生"。周敦颐著有《太极图说》一书，他认为宇宙的本原是"太极"，"太极动而生阳，动极而静，静而生阴。阴阳生五行，五行生万物"。② 这句话就说明了他对万物生成的看法。而且周敦颐从这里出发，认为圣人根据太极变化，建立人世间的规则"人极"，人只有通过"主静"、"无欲"的方法才能达到天地的大道。这些思想，使得周敦颐被称为理学承前启后的人物。其学说被后世称为"濂学"。

据说程颢（1032—1085）、程颐（1033—1107）二人是周敦颐的学生。二人认为"理"是宇宙万物的最高原则。"理"是先于万物的"天理"，"万物皆只是一个天理"。③ "理"也是社会伦理纲常的最高准则，现行社会秩序为天理所定，遵循它便合天理，否则是逆天理。人的心中其实也有"理"，这就是人的天"性"。当然，二人认为因为每个人的禀性不同，因而人性有善有恶。所以浊气和恶性，其实都是人欲。人欲蒙蔽了本心，便会损害天理。那么怎么办呢？就要通过各种个人的修养和学习去除杂欲，明白天理，从而得到儒家的大道。这些观念是正统的宋代理学，因为二人是洛阳人，所以他们的学说被人们称为"洛学"。

三、南宋的理学家

到了南宋时期，理学发展到了一个高峰期。朱熹（1130—1200）是理学的集大成者。

朱熹是程颢、程颐之后儒学的重要人物。朱熹早期接触过佛教和道家思想，受过

---

① 这就是著名的"横渠四句教"，出自清代黄宗羲、黄百家父子编纂的《宋元学案》（第1册，第664页）。据《张子语录》记载，原文为"为天地立志，为生民立道，为去圣继绝学，为万世开太平。"（张载. 张载集. 北京：中华书局，1978.320.）。

② 周敦颐. 周濂溪集（第1册）. 北京：中华书局，1985.2.

③ 程颢，程颐. 二程集（第1册）. 北京：中华书局，1981.30.

其影响，后来又钻研理学。最终朱熹继承周敦颐、二程的学说，并采用佛、道各家思想，形成了一个庞大的理学思想体系。

朱熹的理学的核心依然是"理"，而且朱熹所谓的"理"，有几个方面互相联系的含义：

"理"是形而上的、在自然现象和社会现象之上的、绝对的真理和规律；同样，"理"也是社会伦理道德的基本准则。"理"之下是"气"。"气"是仅次于理的概念。它是形而下者，它是"理"产生出来的具体物质，是可以看见，可以触摸到的。"气"又可以分为动静两种现象，动的是阳，静的是阴。阴阳交合而生成五气（金、木、水、火、土），再散为万物。

朱熹

这是世界万物的来源。那么人呢？朱熹认为理、气相合而成人，"气"中的"理"就是人的本性。

不过，由于人的本性以理与气相杂而产生，所以有善的，也有不善的，两者统一在人身上，缺一则不可。同时，这种人自身的两种物质也使得人具有了两重性：既有"道心"，也有"人心"。"道心"出于天理或性命之正，本来便禀受仁义礼智之心，是一种善良的本心：恻隐、羞恶、是非、辞让，则为善；"人心"则是出于形气之私，是指人本身的欲望：饥食渴饮之类。二者都是必要的和不可缺少的。

因此，可以看出，朱熹认为"道心"与"人心"的关系既矛盾又关联。那么人在日常生活中该怎么办呢？

朱熹认为"道心"需要通过"人心"来安顿，而"人心"必须听命于"道心"。因此，朱熹认为人有私欲，所以要用"道心"来遏制"人心"的欲望，这样才能达到儒家理学理想人格。

从上面的论述中，可以看出，朱熹的论述和二程的理学思想有很多相同之处，所以被后人称为"程朱理学"。又因为朱熹一直在福建讲学，福建简称"闽"，所以朱熹的学说也被人称为"闽学"。

与朱熹同时代还有一位重要的理学学者，这就是陆九渊（1139—1192）。和朱熹的理学比起来，陆九渊的思想就有一些不同之处。前面说到朱熹认为人的"心"来自"理"和"气"，所以"心"是"理"的具体化，和"理"有所区别。在朱熹的思想体系中，"理"是最高的，"心"是带有杂念的"理"的具体化，所以人们要求经常用"道心"来警惕"人心"。

　　而陆九渊的理学思想则不一样。在陆九渊的系统中，刚好相反，认为心即理，他以为"心"与"性"的区别，纯粹是文字上的区别。关于这样的文字上的区别，他说："今之学者读书，只是解字，更不求血脉。且如情、性、心、才，都是一般物事，言偶不同耳。"①这句话批评当时的学者只是在字词的区别上来纠缠，没有真正进入到理学的深处。并认为情、性、心、才等概念的内涵都是一样的。

　　陆九渊的这种思想被后人称为"心学"。他认为"人心至灵，此理至明；人皆具有心，心皆具是理"②；"宇宙便是吾心，吾心便是宇宙③。这些论述都是讲天地的"道"和"理"都是人的内心的体现，而人的内心也就是宇宙中所谓的"理"。也就是说，他认为人们的心和理都是天赋的，永恒不变的，仁、义、礼、智、信等封建道德也是人的天性所固有的，不是外在附加的。

陆九渊

　　陆九渊的思想和朱熹思想的不同导致了二者之间的面对面的争论。这就是中国思想史上著名的会讲。

　　第一次是在淳熙二年（1175 年）"鹅湖之会"（鹅湖书院旧址，在今江西铅山县），朱熹从自己的理论出发，认为人心需要道心的约束，所以主张多读书，多观察事物，根据经验，加以分析、综合与归纳，然后得出结论。而陆九渊则从心学思想出发，主张先让"本心"得到"发明"，也就是先要把"心"的遮蔽去掉。心明则万事万物的道理自然贯通，不必多读书，也不必忙于考察外界事物，去此心之蔽，就可以通晓事理。所以说，陆九渊认为尊德性、养心神是最重要的，反对多做读书穷理之工夫，以为读书不是成为至贤的必由之路。会上，双方各执己见，互不相让。

　　此次"鹅湖之会"，双方争议了三天，最终结果却是不欢而散。第二次是在淳熙八年（1181 年），朱熹请陆九渊到白鹿洞书院讲学，这次两人围绕"君子喻于义，小人喻于利"的问题展开讲学，彼此颇为推崇。朱熹晚年曾劝学者兼取两家之长，并对陆表示敬意。

　　朱熹和陆九渊的争论是宋代理学两种流派的争论，这种理论流派直接影响到后世

---

① 陆九渊. 陆九渊集. 北京：中华书局，1980. 444.
② 陆九渊. 陆九渊集. 北京：中华书局，1980. 273.
③ 陆九渊. 陆九渊集. 北京：中华书局，1980. 483.

明朝的理学发展方向。

四、明朝的心学

明代的理学承接宋代的理学发展方向，但是主要受陆九渊的"心学"思想影响较大。

在明代的理学家中，王阳明是"心学"的集大成者。由于王阳明和陆九渊在心学上有前后影响的关系，所以也被后人称为"陆王心学"。

王阳明（1472—1529），原名云，后改名守仁，字伯安，浙江余姚人。因在绍兴会稽山阳明洞旁筑室攻读，创办阳明书院，别号阳明子，被后人称阳明先生。王阳明的一生具有传奇经历。他少年时候就接受了儒家教育，平时又喜好骑射兵事。中进士之后，一度出任兵部主事，抗疏救援，触犯了有名的太监刘瑾，被罚廷杖，贬为龙场（今贵州修文县治）驿丞。到了龙场之后，自己建造草棚安身，因为身处偏远，穷荒无书，终日思考，终于"悟格物致知，当自求诸心。不当求诸事物"。也就是认识世界的途径，应该是从自己的内心开始，而不应该向外寻找知识。这就是著名的"龙场大悟"。这段传奇一般的故事被记录在《明史·王守仁传》中。"龙场大悟"也被认为标志着王阳明的"心学"思想的基本成形。

王阳明

后来在明正德十四年（1519 年）6 月 14 日，明王朝宗室宁王朱宸濠在南昌起兵谋反，声势浩大。当时驻守在丰城的赣南巡抚王阳明迅速调集军队，短短 35 天内就平定了叛乱。但是，由于皇帝昏庸，反而遭到陷害。王阳明只好称病隐居，不过，后来皇帝还是给他加官晋爵了。晚年的王阳明开始宣讲自己的"心学"，对之后的明朝思想流向影响深远。

王阳明的"心学"有两个主要范畴：一个是"知行合一"，一个是"致良知"。所谓"知行合一"是指"知"和"行"二者是统一的。万事万物的道理都在人的心中，这就是"知"。而内心中代表真理的"知"就是"良知"。良知表现在行动上就是"良能"。"知"表现于"行"，而不"行"就是不"知"。这就是"知行合一"。一个人只要不断地发掘和表现良知，就能够达到天地大道。

王阳明的第二个思想"致良知"来自孟子的"良知"之心，但是意义比孟子的

"良知"更为广泛，除个人知是知非的内在主观的道德意识外，也指最高的本体。他认为，"良知"就是天理，不需要学习就能知道，不需要思考就能够表现为行为，这是人内心所固有的，不需要向外求索。"良知"虽然有时候会被个人私欲习气所遮蔽，但是只要"良知"一旦自觉，则人本身就具有一种内在的力量，不必依靠外力的帮助，任何邪思都能消融。王阳明认为"良知"就是天理，"致良知"就是将良知推广扩充到世界万物。并且以"良知"作为衡量一切真假善恶的标准，良知对于一切事物，如同规矩尺度对于方圆长短一样。古代的经典和圣贤的言论，也应该经过良知的衡量，才能评定其是非价值。

所以，"致良知"的意思也就是在实际行动中实现良知，在实践中寻找自己的人生理想。这也就是王阳明所说的"知行合一"。

可以说，回顾整个宋明理学的发展历史，如果认为朱熹在强调道德理念、规范与知识，那么，王阳明则是倚重于个体的道德情感、直觉和体验。这就是程朱理学和陆王心学的不同。

王阳明的学说以"反传统"的姿态出现，在明朝中后期影响深远。心学具有思想解放的意义，它提倡独立自主的思想意识，不盲从权威，人人都可以为圣人，讲究个人的对内自省和对外实践的统一。

在心学思想的影响下，晚明时期出现了以李贽为代表的具有强烈反叛意识的思想家。李贽彻底地反对程宋理学的"存天理，灭人欲"的说法，公开宣扬自私是人的天性，不是罪恶，认为儒家经典并不是绝对的真理，认为只要人的内心需要"吃饭穿衣"才是真正的"人伦物理"。这种说法完全冲破了宋明理学的束缚，颠覆了程朱理学的思想体系，走上了一条个性解放的道路。但是，也正是由于他的这些激烈的言论和过激思想，李贽后来受到统治者和正统思想的残酷迫害，最终被迫自杀。

心学发展到晚明之后，随着明朝的灭亡，也逐渐走向衰落。明朝灭亡后，明朝的一些遗民非常痛心，其中以黄宗羲为代表的一些思想家，认为心学只讲内心，不问世事，是造成明朝灭亡的主要原因，于是开始重新提倡经世致用的理学，而批判只讲内心修为的心学。

等到清朝建立政权，康熙皇帝等统治者为了统治的需要，开始重新大力提倡程朱理学，而贬斥心学。中国的思想进入一个更为僵化的时代。直到晚清的今文经学兴起，才打破理学对人性的束缚，思想开始有一个大的解放，这也为后来的五四思想解放运动开启了大门，中国传统思想从此转变而成为中国现代思想。

思考题

1. 原始儒家思想中的"仁"是什么意思？孔子认为如何实践"仁"，或者说如何让人拥有"仁"的美德呢？

2. 道家的"道"是什么意思？庄子的"逍遥"的思想和老子的"道"的思想有

什么联系？

3. 朱熹理学中的"理"和"心"是什么关系？陆九渊理学的"理"和"心"是什么关系？

4. 王阳明"心学"的"知行合一"和"致良知"是什么意思？

第七章　中国的宗教和传统民俗

和中国传统思想比起来，中国的宗教和民俗文化传统更接近中国老百姓的日常生活。所以从古代到现代，中国宗教和中国民俗都是中国文化传统的重要组成部分。

第一节　中国的宗教

中国是一个多民族和多宗教的国家，中国古代宗教就有很广泛的内涵，从远古的自然崇拜、图腾崇拜，以及具有原始宗教性质的天帝崇拜，到后来的崇拜鬼神、崇拜祖先等，都具有宗教的一些特点。不过真正具有完整的宗教思想体系、具备完整宗教仪式、在中国古代影响又比较大的，只有道教和从印度传来的佛教。

一、中国的原始崇拜

在远古神话中，中国也有一些关于原始宗教的记载。这些相应的记载说明了中国原始宗教的一些特点，比如日神崇拜、动物神崇拜、鬼神崇拜和祖先崇拜等。

远古的人，由于科学知识有限，所以对自然就会有一种内心的恐惧心理，这就会造成一种对自然物的崇拜。当然自然界对人类影响比较大的就是太阳。在《山海经·大荒南经》中就有这类的传说："东南海之外，甘水之间，有羲和之国，有女子名曰羲和，方日浴于甘渊。羲和者，帝俊之妻，生十日。"这是关于太阳的说法。当然有些传说又把太阳当做恶神，《淮南子》又有这样的神话记载："逮至尧之时，十日并出，焦禾稼，杀草木，而民无所食。猰貐、凿齿、九婴、大风、封豨、修蛇皆为民害。尧乃使羿诛凿齿于畴华之野，杀九婴于凶水之上，缴大风于青丘之泽，上射十日而下杀猰貐，断修蛇于洞庭，擒封希于桑林。万民皆喜。置尧以为天子。"（《淮南子·本经训》）这里就包含着非常著名的后羿射日的传说。说尧的时候，天上有十个太阳，人间也有各类怪兽。于是尧就派后羿除掉各类怪兽，并射掉在天上作恶的多余的太阳，人间才获得了幸福，民众欢喜而把尧当做天子。这种传说就反映了古代人对太阳的崇拜，是一种对自然神的崇拜心理。

当然，中国古代还有很多动物神的崇拜。比如中国远古部落各自有自己的图腾，其中有很多动物，有熊、鸟、马等。各部落之间互相融合，而且这些图腾也彼此融合，最后形成了华夏民族的真正图腾——龙。可以说，对龙的崇拜也是远古图腾崇拜的一种遗存。

中国古代还有对鬼神和祖先的崇拜。

现代人所说的"灵魂"，古人通常称为"魂魄"。春秋时期的子产认为："人生始曰'魄'，既生魄，阳曰'魂'。"（《左传·昭公七年》）在中国古人眼中，魂与魄乃是人与生俱来的东西，人的魂魄是人出生之后就附在身体上的，"魄"附在人的形体之上，对人肉体的活动起着主宰作用；"魂"则是附在人的精神上，是精神活动的主宰者。所以，人之生，就是身体与"魂"、"魄"的结合。人死之后，"魂"与"魄"就会离开这个人的肉体。这已经具有一种灵魂不死的观念。后来，人们就认为自己祖先的魂魄也一直存在，他们会一直保佑自己。因此，这就形成了中国非常有特色的祖先崇拜的文化传统，从中也就可以看出在中国传统文化中对祖先的祭祀是非常重要的事情了。

其实在殷商时期，中国文化还有一种"天帝"的崇拜。现在，人们可以在商代的甲骨文中发现很多的"帝"字，许多学者对此进行了探讨，并认为当时社会已经有了一种所谓的"上帝观念"。这种"帝"已与"祖先神"有了区别。这种"帝"有其他各种自然神所不具有的强大力量，以及强大的破坏力，人们对它是带有一种敬畏之心的。后来到了周朝建立之后，周公改造了这种"帝"神的含义。周公把"帝"加上了"天"命说。周公认为"天"、"帝"合一，"天帝"是正义的，如果人间的帝王的所作所为不符合正义的话，"天帝"就不会再保佑这个政权，天命就会转移，政权就会正当地更迭。周公这种更改使得远古的宗教转向了人间的道德。因为只有人具有道德，才能得到"天帝"的保佑。无"德"也就没有"天"，有"德"则保佑人。所以，要得"天帝"的帮助首先需要有"德"，这实际上还是"天帝"服从于人——人是本位。周公的解释使得中国的"天帝"崇拜没有向宗教发展，最终却成为后世儒家思想的开端。

二、道教

中国本土的真正宗教是道教。道教的起源比较复杂。从思想方面来说，它主要有几个思想来源：一个是对自然的崇拜，主要是对鬼魂的崇拜；一个是沟通人神意愿的占卜等神仙方术；还有一个就是秦汉时期的黄老道。

从道教的历史来说，道教起源于东汉时期。东汉顺帝时，道教早期经典《太平经》已经成书。后来，张陵根据《太平经》仿造了道书二十四篇，并自称得到神仙的真传，到四川创立了道派。他广收徒众，订立规条，形成道教中第一个教派。因为他要求门徒入道必须先交五斗米，故俗称"五斗米道"。这个道教的教派主要是教人忏悔，遵循大道，用符水咒语来治病。这个教派后来的门徒都尊称张陵为天师，所以也被后人称为"天师道"。

在东汉的道教中，还有另外一个教派就是大概在光和年间（178—184），张角在山东、河南、河北等地宣扬"太平道"，并建立起"三十六方"的道教组织。这个道派也是用咒语和符水来治病，并且后来演变成为中国历史上轰轰烈烈的"黄巾军"起义。不过随着农民起义的衰落，道教也走入了低潮。

道教在魏晋时期著名的人物是葛洪（283—363）。葛洪继承并改造了早期道教的神仙理论，在《抱朴子·内篇》中，他不仅全面总结了晋以前的神仙理论，还系统地总结了晋以前的神仙方术，包括守一、行气、导引和房中术等。葛洪将神仙方术与儒家的纲常名教相结合，把这种纲常名教与道教的戒律融为一体，要求信徒严格遵守。如果不遵守儒家的纲常，也肯定不能够修仙得道。而且，葛洪在坚信炼制和服食金丹可得长生成仙的思想指导下，长期从事炼丹实验，认为通过修炼金丹就可以吞丹而得道。

南北朝和唐代的道教基本都讲求通过修炼丹药，或者通过符水咒语来祈求长生不老，得道成仙。

不过，宋代的道教"全真教"则和前面的道教发展颇为不同。全真教仿效佛教禅宗，不立文字，在修行方法上注重内丹修炼，反对符箓与黄白之术。也就是不用符水咒语或者是炼丹来寻求长生不老，反而通过养生功、气功等方法来修炼自身的能力。最终以修身养性为正道，以识心见性、除情去欲、忍耻含垢、苦己利人为宗旨。全真教教规严格，规定道士必须出家住道观，不得结婚成家，这些严格的清规戒律反而使得全真道在宋元时期成为道教中影响最大和势力最强的一个流派。

道教虽然有这么多流派，但是它的信仰特征和基本教义都是相同的。

道教的基本信仰就是"道"。这个"道"是从老子的《道德经》中的"道"逐渐演化而来的。《道德经》中的"道"是宇宙的本原，在道教中，更加突出了"道"的神秘性和超越性，把它神话为具有无限威力的宗教崇拜偶像，成为具有人格的最高神灵。道教把"道"化为三个神，也就是"三清尊神"，三清是：玉清元始天尊，道教最大的神仙；上清灵宝天尊，就是封神榜里面的通天教主；太清道德天尊，就是太上老君、老子，道教神仙中排名第三位。这样老子的"道"就成为道教的神灵了。

上清灵宝天尊　　　玉清元始天尊　　　太清道德天尊

道教"三清"

此外，道教的最终目标是"得道成仙"。所谓"得道成仙"意思就是道教认为人通过修炼，就可以知道世界的大"道"，就能够回到世界的本原，这样人就可以像世界的本原"道"那样真正做到永恒自为，也就是人能够成为真正的神仙了。

其实从上面的介绍中，就可以知道道教重生恶死，追求长生不老，认为人的生命可以自己做主，而不用听命于天。认为人只要善于修道养生，就可以长生不老，得道成仙。那么如何才能够"得道成仙"呢？

"得道成仙"的原理很简单，但是方法却复杂而且多种多样。比如有许多修炼方法：炼丹、服食、吐纳、胎息、按摩、导引、房中、辟谷、存想、服符和诵经，等等。其中炼丹的方法也被人称为"外丹"。主要指烧炼丹砂铅汞等矿物以及药物，古人认为这些东西不容易变化形状，所以是"道"的体现，因此很多道士就用这些矿物质来制作能够使人长生不老的丹丸。当然这些丹药大多有毒，古人也有很多服食致死的例子，所以后来道教也认识到由于外丹服食和配制的方法较难掌握分寸，所以具有一定的危险性，因而后世转向较为保险的内丹修炼。所谓的内丹则是通过自己身体的修炼来寻觅"道"的方法。道教认为人和世界一样，自身的身体也是有一个"道"的存在的，因此通过行气、导引、呼吸吐纳，就可以达到在身体里炼丹，进而能够达到长生不老的目的。

道教是中国本土的宗教，对中国的传统文化影响很大。无论是文学艺术、名胜古迹还是科学技术都有体现。

比如在文学方面，道教的影响就非常广泛。中国著名的几部古典小说，中《西游记》的人物有以如来佛和玉皇大帝为首的佛、道两个神仙世界；《水浒传》里有《张天师祈禳瘟疫》、《宋公明遇九天玄女》、《公孙胜斗法破高廉》等章回；《三国演义》有诸葛亮预断凶吉、呼风唤雨等情节；《红楼梦》有形影相随的一僧一道，都反映出道教的影响。

道士们修道，往往选取风景秀丽的名山建立道观，所以历代的道教也给后人留下了很多名胜古迹。比如江西龙虎山、湖北武当山、安徽齐云山、四川青城山等就被后人称为"道教四大名山"，现在依然是人们所向往的旅游胜地。

因为道教的外丹派主张通过炼丹来"得道成仙"，而这种炼丹的技术也是现代化学的先河。如晋代葛洪的《抱朴子·内篇》，记载了他对炼丹过程中所观察到的化学变化的认识。他还撰有《金匮药方》、《肘后备急方》、《神仙服食药方》等多种医药书籍。中国"四大发明"之一的火药，就是道教方士在炼制丹药中发明的。这都是道教对中国文化的贡献。

三、中国化的佛教

中国古代除了道教之外，佛教就是最为重要的一个宗教了。不过，和道教是本土宗教不同的是，佛教是一个从印度传来的宗教。当然，佛教进入中国，为了更为广泛地传播，它逐渐地中国化了。尤其是佛教和中国本土思想结合后，产生了"禅宗"这个独特的中国化的佛教流派。

佛教产生在公元前6—5世纪的古印度。佛教的创始人是释迦牟尼佛，这个名号是据印度梵语音译过来的，"释迦"是仁慈的意思，"牟尼"是寂默的意思，寂默也就是清净的意思，佛是觉悟。释迦牟尼佛是北印度人，就是现在的尼泊尔。据说他目睹了人世间的困苦之后，先去深山中修行，但无所收获，后来在一棵菩提树下冥思了很多天，终于悟出了"真理"。后来他不断丰富他的思想，创立了佛教。佛教的思想逻辑繁复而且颇为深奥，我们可以用佛说的四句话来简单解释一下佛教的基本教义，这就是"诸行无常，诸法无我，一切皆苦，涅槃寂静"。所谓"诸行无常"是指一切事物或者现象都是不断流动的、刹那生灭的，没有常住不变的事物或现象。所谓"诸法无我"是说在一切事物或现象中没有永恒的自我（相当于灵魂）或自性。因此，人生、世界就是"一切皆苦"。而"涅槃寂静"就是佛教追求的最高解脱，等到人谛得正道，就会消除苦果苦因，摆脱生死轮回，这样就真正得到正果。佛教有大乘佛教和小乘佛教的区别。

一般认为，大约在公元1世纪佛教传入中国。佛教传入中国后，首先与中国的传统思想和宗教发生冲突和融合。古人最早开始把佛教等同于中国传统的神仙方术之类，佛教徒也有意无意地利用道教等思想来传播佛教的思想。从魏晋南北朝时期，佛教开始在中国社会中得到广泛的传播，并对中国的思想和宗教产生了重要的影响。比如南北朝时候的梁武帝萧衍就是虔诚的佛门弟子。他曾下诏让全民奉佛。以至于梁朝的半壁江山内，佛寺达2 846座，僧尼有82万余人。而且梁武帝还坚持苦修。据历史记载，梁武帝到了晚年，还是勤于修行：一天只吃一顿饭，素食，只吃豆类的汤菜和糙米饭。50 岁时，他又断绝房事，远离嫔妃。平时，他穿的是极朴素的便服，不饮酒作乐。坚持节俭，除非祭祀宗庙，不举行任何宴饮活动。梁武帝的所作所为，完全是一个守持佛教戒律的信徒。梁武帝还四次入寺舍身，要不当皇帝去当和尚。最短的一次是 4 天，第四次最长，据说有 51 天。大臣们只好捐钱给寺庙来为梁武帝"赎身"。从这里可以看出佛教在当时的兴盛。

之后，虽然有几次大规模的灭佛运动，但是佛教还是在中国文化中生根发芽了。中国的佛教不仅繁盛，而且流派众多，比如就有天台宗、华严宗、禅宗、净土宗、密宗等。

其中最为重要的就是禅宗，这个流派突出表现了佛教中国化的进程。

禅宗虽然在中国得以成熟，但是其源头也是佛教中的一个支流。

据说有一次，释迦牟尼在灵山会上说法，他拿着一朵花，面对大家，不说一句话，这时听众们面面相觑，不知道释迦牟尼是什么意思。只有弟子迦叶会心地一笑。于是释迦牟尼便高兴地说："吾有正法眼藏，涅槃妙心，实相无实相，微妙法门，不立文字，教外别传，付嘱摩诃迦叶。"这句话的意思就是，佛祖自己有一个大法，非常微妙，不能够用语言和教义来传授给众人，但是迦叶却真正领悟了，因此迦叶就是这个大法的传人。因此有传说就认为迦叶是印度禅的初祖，在他以后传了二十七代，至达摩是第二十八祖，也是印度禅的最后一祖。

后来达摩来到了中国，成了中国禅的初祖。达摩后来到了洛阳附近讲禅说法。在达摩之后，禅宗在中国继续传承，到了五祖弘忍的时候，发生了中国禅宗著名的南北分宗的故事。

相传五祖弘忍想要选择一个正宗传人来传承禅法，因此让弟子们写偈子来表达自己的学法所得。当时他的弟子中最有学问的是神秀，神秀作了一个偈子："身是菩提树，心如明镜台；时时勤拂拭，勿使惹尘埃。"这就是说要勤奋修为，以真正得到佛法。五祖弘忍认为神秀没有真正理解禅的真意本性。这时候，当时一个打扫寺院的弟子慧能虽然不认识字，但却也做了一个偈子："菩提本无树，明镜亦非台；本来无一物，何处惹尘埃。"弘忍以为慧能真正得到禅法的真谛，也就是见心成佛，外在的修为修炼都是无法达到禅的真意的。五祖弘忍于是秘密地授予慧能衣钵，认可了慧能六祖的地位。但是，为了避免其他弟子的忌恨，六祖慧能只好秘密回到南方。后来慧能在广东修法，在韶州曹溪宝林寺下开始收徒讲法，有很多门徒。六祖慧能的弟子们所传承的佛法就是南宗，是禅宗的正宗。而北方的神秀也收徒讲法，因此称为北宗。后来中国的禅宗各派中，北宗渐渐衰落，而南宗却流传甚广，并成为中国禅宗的正宗。

一般来说，禅的北宗和南宗的区别在于：北宗主张佛法的渐修，也就是通过苦修和勤勉的修行来最后谛得禅法；而南宗主张顿悟而即身成佛，认为不需要文字，直接寻找内心，闻言当下大悟，顿见人心本性才是修禅的正途。和佛教其他流派比较起来，禅宗去掉了复杂的佛教哲学的束缚，除去了苦修的过程，注重修行者自身灵魂的顿悟。只要内心顿悟，就可以得到佛法，简单易行，所以流传日广。从这里就可以看出中国老庄哲学和魏晋玄学的理论的重大影响，因此也比较切合中国文化的内涵，更易于被中国文化所接纳。

而且，禅的南宗在佛教简易化方面也是被人广泛接受的主要原因。佛教最开始是以逻辑严密和复杂为特色，这在崇尚天人合一和感性直觉的中国文化看来，是颇难接受的。所以佛教进入中国文化首先要做的就是不断地简易化。比如，唐代的玄奘和尚，从印度和西域学得佛法之后，翻译经文的时候，试图尽量恢复和保存印度佛教的原貌，他的佛经翻译忠实于原著，他所创立的法相宗，也力求保持大乘佛教的特色。但是和其他流派相比较起来，逻辑过于烦琐，所以没有流行开来，玄奘所创立的法相宗两传以后就衰落了。而其他的天台宗和华严宗的理论体系也还是相当庞大和烦琐的，

慧能

不易为一般信仰者所把握。所以，唐以后这二宗的传承也衰落了。相比较而言，以简易著称的禅宗和净土宗，则在中国得到了充分的发展。唐五代以后的佛教，主要是禅宗，或禅、净合一者。尤其是宋代以后，禅学与佛教（学）成了同一含义的概念，谈禅也就是谈佛。

佛教对中国文化的影响也是多方面的，不仅仅包括思想上的，在文学艺术、语言文字、名胜古迹方面都有影响。

在文学艺术方面，佛教最初为了让佛教基本理念简单易懂，深入民间，为此从形式到内容都作了一些改动，如唐代的变文和俗讲就是个很好的例子。变文及俗讲是唐代民间流行的一种说唱文学形式，原是佛门为了传播教义、吸引民众而把佛教经典中的许多故事加以丰富和展开，有时还把佛教宣传的基本义理也掺杂进世俗故事中。通过此举，下层群众普遍接受了"因果报应"、"生死轮回"等观念。而流传甚广的变文、俗讲等通俗文学也流传影响到后世，尤其是对中国古代白话小说的产生和出现有过重要的影响。

同样，佛教经典从梵语翻译到汉语的过程也直接推动了汉语自身的发展。比如魏晋南北朝时期，古人根据梵语发音，发现了汉语的语音规律，发现了汉语四声规律，发明了汉语的反切的训读方法。沈约等人更是把四声规则用在中国古诗上，提出"四声八病"说。这种诗歌体式直接催生了中国古代诗歌的成熟，从"永明体"发展成为

唐朝的近体诗。可以说，佛教最终为中国唐朝诗歌的黄金时代作出了特殊的贡献。

佛教在中国传播的时候，僧人们也往往在名山大川修行，因此也留下不少名胜古迹，比如佛教有四大名山的说法，它们是山西的五台山，据说是文殊菩萨的道场；浙江的普陀山，据说是观音菩萨的道场；四川的峨眉山，据说是普贤菩萨的道场；安徽的九华山，据说是地藏菩萨的道场。佛教还有四大石窟，即甘肃省敦煌的莫高窟、山西省大同的云岗石窟、河南省洛阳市的龙门石窟和甘肃天水的麦积山石窟。这些名胜古迹都是中国的佛教文化留给后人的珍贵财富，也是佛教中国化的真实写照。

第二节　中国的传统民俗

民风民俗是一个社会在时间的流逝中积淀下来的、约定俗成的风尚、礼仪和习惯的总和，是人们在衣食住行、婚丧嫁娶、节日喜庆、文化娱乐等各方面广泛的行为规范。对于一定社会、民族的人们来说，民风民俗具有极强的权威性和约束力，对于人们的行为起着规范和监督的作用。而另一方面，我们也可以通过民风民俗来更加直接、准确地理解一个民族的文化，因为民风民俗是一个民族的智慧、技艺、品德在日常生活层面的具体表现，它是在历史当中逐渐形成的，也随着时代的新的要求而发生着不断的变化。本节我们将集中分析一下中国文化中的饮食风俗、婚礼风俗、丧葬风俗以及节日风俗等四个方面。

一、饮食风俗

在中国文化和中国人的生活当中，饮食有着独特的地位和意义。《汉书·郦食其传》有一句著名的话："王者以民为天，而民以食为天"，说出了中国传统政治哲学的精髓所在。孔孟儒家也认为饮食问题关系着国家的稳定，甚至理想中的"大同"社会的标志也不过是使普天下的人民"皆有所养"，过上衣食无忧的生活。因此，无论是逢年过节、亲友聚会、喜庆吊唁、迎来送往，无论是喜是悲，是富贵还是贫贱，在中国，只要是人与人之间的活动，似乎都离不开吃。各种各样的宴请聚餐，目的其实都是通过饮食来调节人与人、国与国之间的关系，实现和睦相处、欢乐好合的目的。

饮食或者说"吃"，对中国人的文化心理结构有着深刻的影响。在汉语中，"吃"、"食"有着丰富的感情意义。例如，脸上被人打了一巴掌叫"吃耳光"，不受欢迎、被冷落叫"吃闭门羹"，受到损失叫"吃亏"，得到好处叫"吃到了甜头"。古代汉语里承受祖宗余荫叫"食德"，不守信用叫"食言而肥"。20世纪初，信仰天主教被称作"吃洋教"，当兵叫做"吃粮"，30年代上海人在租界被外国巡捕踢了一脚，自嘲地说是"吃了一只洋火腿"，40年代在抗日战争的大后方的重庆有"前方吃紧，后方紧吃"的民谣；当代中国也有"铁饭碗"、"大锅饭"、"端起碗吃肉，放下碗骂娘"等说法。这都说明了"吃"在中国人生活中的地位及其对人们深层心理的作用。

中国人重视饮食，习惯于从饮食角度来看待社会和人生，所以有"开了大门七件事，柴米油盐酱醋茶"的说法。但是，中国人所追求的是从日常生活里最普通的饮食当中品味出来的生活的乐趣和人生的美好，例如，庄子相信上古时期的人们可以"鼓腹而游"，在吃饱喝足以后充分享受人生的乐趣，所以上古社会是最美好、最值得人们回忆和追求的。其实，在人的各种欲望里，饮食欲望应该是最容易满足的一种，所以也最容易让人感受到生活的快乐。中国人重视饮食，这也反映出他们对现实人生的执著和热爱。同时，中国人对生活、世界的看法和中国文化的许多特点，也渗透在有关的饮食风俗里，中国人的饮食生活也因此体现了中国文化的特性。例如，中国人有诸如"五谷"、"五肉"、"五菜"、"五果"一类固定的食物分类模式，又有咸、苦、酸、辛、甘的"五味"说，这分明是对应于中国文化中"阴阳五行"的世界模式；进而在中和之美的中国文化最高审美理想的作用下，中国饮食不仅要求五味调和，而且注重饮食的整体协调、饮食与人、人与宇宙环境的和谐统一。这样，中国饮食就具有了宇宙本体论和方法论的哲学意味。

中国传统食物有主食、副食两大类。中国地域广大，食物品种非常丰富。从主食来说，先秦时期就有"五谷"、"六谷"、"九谷"之说，基本已经包括了我们今天常食用的粮食作物。张骞出使西域后，又从西域引入了胡（芝）麻、胡豆（豌豆、蚕豆）。汉代以来，逐步形成了北方以小麦为主、南方以水稻为主的粮食种植格局。16世纪初，原产于美洲的玉米沿海路传入东南沿海一带，明末清初已在全国各地普遍种植。甘薯（红薯）是在16世纪末从菲律宾传到中国来的。当时统治菲律宾的西班牙当局严禁甘薯传入中国。福建商人陈振龙把甘薯藤藏在船绳中间带回家乡，经福建巡抚金学曾试种成功，逐渐在全国各地得到推广。后来，人们在福建乌石山建有"先薯祠"，纪念陈、金二人。此外，原产南美洲的马铃薯（土豆、洋芋）也在明朝由海盗带到中国。玉米、甘薯、马铃薯和中国先秦时期就已经发现的芋和山药，都是中国传统主食的重要组成。

中国的饮食在长期发展中形成了许多地方风味，有八大菜系、四大菜系等不同的说法。八大菜系是鲁（山东）、川（四川）、苏（江苏）、粤（广东）、浙（浙江）、闽（福建）、皖（安徽）、湘（湖南）；四大菜系是鲁、川、湘、粤。虽然各家说法都不一样，但比较公认的菜系有以下几个：①鲁菜。其特色是丰盛实惠，鲜咸适口。技法以爆、炒、烧、炸、卤、焖、扒为主。②孔府菜。自汉平帝封孔子后裔为褒成侯以来，孔子和他的子孙受到历代王朝的封赐，孔府成为中国唯一的不受王朝更替冲击、历史悠久的公侯府第，孔府菜也逐渐发展起来。其特点是用料广泛，制作精细，讲究造型和菜名的象征意义。③北京菜。北京菜是在鲁菜的基础上，糅合了游牧民族的饮食风味而发展起来的。讲究选料、刀功、时令，调味多变。著名的有满汉全席、全猪席、全鸭席、涮羊肉、北京烤鸭等。④川菜。川菜的最大特点是滋味丰富、辛辣芳香，尤其以小吃和麻辣见长。目前川菜的菜肴和小吃的品种有5 000余种，有"一菜一格，百菜百味"，"食在中国，味在四川"的美誉。⑤粤菜。粤菜历史悠久，具有选料奇杂的特点。⑥淮扬菜。淮扬菜以扬州为中心，特点是清淡味雅，制作精巧。除此之外，在中国菜系中，素菜、豆腐菜、清真菜也独树一帜，受到普遍的欢迎。

二、婚礼风俗

中国传统婚姻强调"父母之命，媒妁之言"，媒人和双方父母的作用是非常关键的。媒人在周朝就已经出现。如果男女双方不通过媒人，自己自由结合，就会被父母和周围的人看不起。周朝的媒人有官媒和私媒两种。官媒是国家官员。后来的皇帝赐婚和地方官员主婚，都是由官媒起作用。私媒大多是由女性充当，元代以后有了"媒婆"的称呼。古代也把媒人叫做"冰人"和"月老"。晋代的时候，有个人梦见他站在冰上和冰下的人说话。梦醒后，他找人来解释这个梦。解梦的人说，你在冰上和冰下的人说话，是"为阳语阴，媒介事也。君当为人作媒"。果然，不久就有人求他去做媒人。从此，媒人又被叫做冰人。月老的说法起源于唐代。唐代人相信月老是主管婚姻的神，他随身带的包里装着红线。红线拴在哪一对男女脚上，他们即使远隔千里，或者世代有仇，最终都会结为夫妇。这个千里姻缘一线牵的传说，寄托了中国人对爱情、婚姻的美好想象，月老也成为媒人的代称。

月老

古代男子20岁、女子15岁就要把头发扎起来，戴上冠或者插上簪子，这也叫结发，表示他们已经成年，可以订婚了。所以，中国人称第一次结婚的夫妻为结发夫妻。按照规定，结婚的年龄应该是男30、女20，但实际结婚的年龄大多都会提前。过去结婚要经过六个步骤，称为六礼。首先是纳彩，就是男方托媒人向女方提亲。女方答应后，男方用兽皮和雁作为礼物向女方正式求婚。也有女方主动向男方求婚的，叫做"执箕帚"。东晋太尉郗鉴派人到王导家为自己女儿求婚，在王导的儿子中间挑选一个理想的女婿。王导的儿子之一王羲之敞开上衣躺在东床上，根本不为郗鉴的权势所动。结果，郗鉴选中了高傲的王羲之。这就是典故"坦腹东床"的来源。纳彩之后是问名，男方问清女方的姓和出生的年、月、日和时辰，回家占卜吉凶。第三步是纳吉，是男方占卜到吉兆后，准备礼物通知女家，正式决定联姻。第四步是纳徵，即正式订婚下聘。男方要送给女方隆重的礼物，作为聘礼。第五步是请期，双方商定正式结婚的日期。最后是亲迎，新郎亲自到女家迎娶新娘。这套程序在南宋被朱熹简化为纳彩、纳币（正式下聘礼）、亲迎，称为三礼，一直在民间流行。

先秦时期婚礼比较简单，一般有三个步骤。第一是迎娶新娘到家，举行简单仪式。第二是次日早晨新娘子拜见公婆。先由公婆为新娘倒一杯酒，称作"醮"。所以，古代妇女改嫁就叫做"再醮"。然后，新娘为公婆献上烧好的乳猪，等公婆吃完后，新娘才能进食。第三是新娘必须在3个月后拜祭宗庙。完成这三项后，新娘才算正式取得了妻子的身份。秦汉以后，婚礼的规格、场面越来越繁杂、奢侈。女儿出嫁要送陪嫁，男方也要大摆宴席。闹洞房、听夜的风俗也产生了。魏晋南北朝时期，新娘开始戴头巾（盖头）。从唐代开始，结婚的第二天需要拜堂。妇女们在新人的床上洒金钱、糖果，表示美好的祝愿。到了南宋，已经大体具备了近现代婚礼的雏形，例如花轿迎亲、拜堂、喝交杯酒、成婚后新人到娘家"回门"等。

三、丧葬风俗

西周时期，中国传统的丧葬习俗、礼仪已经全面形成。葬礼分初终、小殓、大殓、送葬。初终是确认死者已经去世。家人应拿着死者的衣服，向着远方大声喊死者的名字，俗称"招魂"。招魂后，如果死者并未复活，就开始哭丧。之后，要把招魂用的衣服为死者换上，用布覆盖尸体。家人穿白色孝服，开始居丧，并在堂上设置灵牌，在门外悬挂铭旌。此外，还要为死者沐浴，把珠、玉等物放在死者口中。第二天，为死者穿上入棺的寿衣，称小殓。大殓是把尸体放进棺木。下葬前一天，应把棺木送入祖庙祭奠，第二天正式出殡，把棺木送到墓地下葬。

初终当天，家属要派人四处通报死讯，报丧的文殊（讣告）上要写明死者的生卒年月和祭葬时间。亲属好友接到讣告后，应立即上路，前去吊丧，也叫吊唁。所送钱、物、花圈、挽联、香纸等，称作奠仪。古代诸侯、大臣死后，天子除派人或者亲自吊唁外，还要对死者赐以谥号。谥号使用简单的几个字来概括、评价死者的一生，一般是褒扬死者的，但也有批评性质的，叫恶谥。天子、皇帝死后的谥号是由朝中大臣集体拟定的。

葬礼之后，小子或者承重孙要在家守孝，称为守制。过去，为父母守孝也叫做"丁忧"、"丁艰"。这一时期，当官的要辞官守制。如果朝廷急需他继续任职，或者是在他守制期限不满时，命令他出来做官，这叫做"夺情"。为了纪念死者，中国人至今还有为死者做斋七、周年、忌日祭拜的习俗。做斋七是受佛教影响。佛教认为，人死了以后，他的灵魂要寻找投胎重生的机会。这种寻找以每七天为一个阶段。七天内找不到机会，就会再延长七天。到了七七四十九天的时候，就一定会得到机会再次投胎。因此，产生了做斋七或者做七的习俗。每隔七天请僧人祭祀死者，做一次法事，七七称为"断七"。现在的做七，一般是亲属到坟前祭奠。死者满一年的，要做周年祭祀。满两周年、三周年也要祭祀。三周年祭祀后，就可以脱去孝服，表示守制时间已满，可以恢复正常生活了。之后的死者周年叫"忌日"，也要祭祀，或者是在每年的清明节到墓前祭拜、扫墓。

根据和死者血缘关系的亲疏，人们服丧的时间和穿的孝服也有严格区别，这就是古代的五服制度。五服制度很复杂。一般认为五服就是五代人，是从本人开始，以父亲、祖父、曾祖、高祖位顺序数五代人。我们说，有两个人还没有出五服，意思是说他们存在五代以内的血缘关系；如果说出了五服，就意味着他们没有五代以内的血缘关系，也就不需要为对方穿孝服了。

四、节日风俗

中国的节日起源于原始崇拜和迷信禁忌，也和农业社会的农时、天文、历法有密切的关系。中国的民间节日很多。据统计，起源于汉族的节日有150多种。其中一些在各民族间广为传布，成为全国性的节日。

春节在古代称上日、元日、朔旦、元正、元旦、正，民间叫做"过年"，1911年辛亥革命后改称春节。春节是中国传统旧历（农历）中一年的开始，所以也叫"元旦"（和现在公元纪年的元旦不同），它是中国传统节日里最隆重、最受重视的节日。广义的春节从农历十二月（腊月）二十三日就开始了，一直延伸到农历一月（元月）十五日元宵节。一般情况下，人们认为春节指从第一年最后一天（除夕，大年三十）到第二年的一月五日（正月初五）这六天时间。

除夕是旧的一年的最后一天。在古代，最重要的活动是要把鬼从家里赶出去，这就是逐傩、大傩，也叫"傩"。逐傩是一种象征性的舞蹈，人们穿上专门的服装，戴上假面具，一边跳舞一边大声喊叫，从屋里一直跳到屋外，象征着把各种恶鬼都赶了出去。这种活动可以从腊月二十四一直延续到除夕。人们非常重视除夕当天的晚饭，叫做"团圆饭"或"年饭"。一家人无论相距多远，都要赶回父母身边过年，一起吃年饭。中国北方人习惯在除夕子时（晚上12点）吃饺子，南方人喜欢在春节吃年糕，意思是"年年高"。除夕夜人们会睡得很晚，以此来送走旧的一年，迎来新的一年，这种风俗叫"守岁"。除夕晚上子时，人们燃放鞭炮，庆祝新的一年来临，晚辈和小孩子要向长辈拜年，父母长辈要给小孩子压岁钱，希望他们新的一年会有更大的进步。

中国人很早就有除夕贴门神的习惯，和它有关的还有剪窗花、写春联、贴年画、贴福字等，都是祝愿新的一年万事如意、幸福美满的意思。传说中神荼、郁垒兄弟俩站在一个大桃树上，专门捉拿恶鬼，用来喂老虎。人们就用桃木削成他们两个人的样子，挂在门前驱鬼。唐宋时，改成在桃木板上画二人的像，或者写上他们的名字，叫做"桃符"。在这一时期，当门神也不再是神荼兄弟的专利，钟馗、秦琼、尉迟敬德的像也经常被贴在门前。南宋以后，民间的门神大多数画的是秦琼与尉迟敬德。近代以来，门神已不再固定是某一个或两个人，而是被简单画成两个威风凛凛的武士。唐代出现雕版印刷后，人们开始在纸上印门神。桃符逐步失去原来的意义。到了五代时期，人们在桃符上写一些吉利词句，挂在门上。当时后蜀的皇帝孟昶在桃符上写的"新年纳余庆，佳节号长春"，被认为是中国第一副春联。后来的春联都改在纸上书写，直到今天仍长盛不衰。

春节放爆竹也是一项历史悠久的习俗。汉代时，人们在院内用火烧烤竹节发出噼噼啪啪的响声，来吓走山中恶鬼怪兽。到了宋代，用纸包裹火药制成的爆仗、鞭炮、"起火"等，已经非常普及。经过不断改进，放爆竹成为中国人举行喜庆活动时的必备之物。不过，由于放鞭炮比较危险，容易炸伤人或者引起火灾，而且鞭炮的巨大声响和释放的烟雾对环境有一定污染，所以现在中国许多城市已经禁止燃放鞭炮，或者只允许在指定的地方放鞭炮。

农历正月十五是元宵节，也叫上元节或灯节。元宵节起源于古代祭祀。西汉武帝时期，皇宫里要从正月十五的黄昏开始，通宵达旦地点燃盛大的灯火祭祀太阳神太一，从此有了正月十五张灯结彩的风俗。东汉明帝时期，佛教传入中国。为了弘扬佛法，开始在正月十五这天在皇宫和各个寺庙燃灯祭拜佛祖。此后，民间相沿成俗，形成了元宵节。元宵节盛行于隋唐，之后历久不衰，成为中国人非常重要的一个节日。元宵节的晚上，不分男女老幼，大家都要上街观看花灯和演出，对于平时无法见面的青年男女来说，这是一个非常难得的社交机会。中国古代有许多元宵节观灯时一见钟情的故事，所以人们也说元宵节是中国的"情人节"。

元宵节要观花灯、猜灯谜、吃元宵。其中，观花灯是最重要的。这一天，从皇帝到老百姓，大家都要制作各种各样的花灯挂在门口街旁，供人欣赏、评点。唐玄宗时曾制作一个20丈高的巨型灯轮，上面悬挂有50 000盏花灯，灯下还有数千宫女在翩翩起舞。宋朝的灯更加精巧，人们在棚子上制作山林一样的一盏盏花灯，点燃后，万灯齐明，称为灯山。皇宫内的灯山有文殊跨狮、普贤骑象等。而且，菩萨的手臂活动自如，手指能喷出五道水柱，像瀑布一般。这是中国最早的人工喷泉技术。元宵也叫圆子、汤圆。中国人从唐代开始吃元宵，南宋时开始包糖馅的元宵，后来又用白糖、枣泥、芝麻、核桃、山楂、豆沙等制馅，品种花样越来越多。

寒食、清明、端午，是三个具有纪念意义的节日。据说，寒食是为了纪念春秋时期晋文公的大臣介子推。介子推跟随晋文公在国外流亡了19年，终于帮助晋文公当上了晋国的国王。当时，晋文公忘记了介子推的功劳，介子推就带着自己的老母亲到绵山上隐居起来。晋文公知道后，很后悔，他几次派人请介子推出来做官，介子推都不出来。最后，晋文公想用放火烧山来把介子推逼出来，没想到，介子推宁愿被烧死也没有下山。晋文公很后悔，命令不许再在这一天生火、放火，以此来纪念介子推。寒食节有禁火、吃冷食的习俗，这其实是起源于古代春天防火的需要，但人们更愿意相信介子推的故事，在这一天纪念他。

到了唐朝，寒食节变成了清明节的一部分，一般以清明的前两天为寒食，要禁火、冷食，第三日是清明。由于寒食禁火，火种全都熄灭，清明这天要重新钻木取火。唐代皇帝把钻取的新火分赐给亲信的大臣。有的大臣就把宫中传火的柳条插在门口，向人炫耀。到了宋代，这种炫耀的方式变成了清明节在门口插柳条的风俗，有的还把柳条编成柳圈，戴在头上。明清两代，全国各地，到了清明，满街都是叫卖柳条的。清明节正是初春，男女老少都趁机外出，到郊外田野欣赏大好春光。清明踏青郊游、荡秋千、拔河、放风筝，是中国人的传统活动。当然，清明也是祭奠祖先的一个节日，人们在游玩的欢乐中，也没有忘记到先人的坟墓上烧香拜土，寄托哀思。

农历五月初五是端午节，又叫端阳、重午。"端"是初的意思，"午"就是五，所以叫端午节。端午节的起源比较多。一般来说，北方到了五月已经进入夏季，蛇、蝎、蜈蚣等传统"五毒"（另外有壁虎、蟾蜍），以及蚊、蝇等都活动频繁，人们受伤后的伤口这时也容易发炎、溃烂，所以人们认为五月是一个恶月，于是在五月初五采取各种措施来进行预防。在南方，端午起源于当地民族对龙的崇拜和传统的龙舟比赛。不过，关于端午节，中国人更认为这是为了纪念屈原。屈原是春秋时楚国的大臣，也是中国最著名的大诗人之一。他热爱自己的国家，却被坏人陷害，被楚王免了职，流放到长江边。后来，楚国真的像屈原担心的那样灭亡了，屈原因为伤心过度，在汨罗江投水自尽。后人为了纪念这位伟大的爱国诗人，就在五月五日他投江这天，举行各种活动来纪念他。

人们习惯在端午节吃一种名叫粽子的食物。粽子是用粽叶包裹糯米做成的，有的里边还包有各种馅料，蒸熟后食用。相传在屈原投江后，人们担心水里的大鱼和蛟龙咬坏了屈原的尸首，就用竹叶包上米饭团，扔到江里喂大鱼和蛟龙。后来，人们不再把粽子扔进水里或者祭祀屈原，而是在端午这天包来自己吃或者送给亲戚朋友。端午还要举行龙舟比赛。龙舟是一种船头雕刻成龙头形状、船身又长又窄的船。端午这天，人们总会聚集在河边，敲锣打鼓，看许多条龙舟一起出发，比赛谁能够最早到达目的地。这项活动，据说起源于人们划着船，在屈原投江处打捞他的尸体；也有一种传说认为，赛龙舟要敲锣打鼓，还要在船上雕刻凶猛的龙的形象，这是为了吓跑水里的怪物，不让它们伤害屈原。此外，端午节还有喝雄黄酒、佩挂香囊、门口挂菖蒲和艾草的习惯，这都是为了讲究卫生，防止毒虫咬伤。

中秋节在农历八月十五，它起源于古代的月亮崇拜。由于八月十五的月亮特别皎洁晶莹，所以，在汉代，从祭月、礼月一类活动中，逐渐演变出赏月的风气。到了唐代，中秋赏月已经非常流行。宋代，中秋正式成为一个节日。中秋月圆，所以一些地方也称中秋节是"圆月节"、"团圆节"、"团圆会"。中秋之夜，无论贫富之家，都要全家团聚，饮酒赏月。

中秋节要吃月饼。民间传说，元朝末年，为了反抗元朝残暴的统治，人们在中秋节把纸条夹在月饼的馅里，约定时间一起起义。从此，每到八月十五都要吃月饼，纪念这个斗争的节日。其实，中秋节吃月饼的习俗形成于宋朝。到了明代，月饼成为送人的礼物。清代，月饼形成了京式、广式、苏式等种类。有意思的是，粽子、年糕、元宵等节日食品，平时也可以吃；但只有月饼，不到中秋节，既没有卖的，也没有吃的，它是最具有节日意义的一种食品。

九月九日是重阳节。《易经》中九是阳数，九月九日的月和日都是九，都是阳数，所以说是"重阳"，也叫"重九"。重阳节在春秋时期开始萌芽，到两汉时期，重阳节登高、赏菊、佩戴茱萸、饮菊花酒，已经成为固定的风俗。根据梁朝吴均《续齐谐记》，东汉桓景拜费长房为师学习道术。一天，费长房对桓景说，九月九日，你家将有灾难，你赶快回家，让每人准备一支绛色的袋子，内装茱萸，然后一起登高，饮菊花酒，方能消灾避难。桓景按照费长房说的办了。重阳节的傍晚，桓景一家回家一看，家中的鸡、狗、牛、羊等全死掉了。费长房说，它们是代你全家受的祸。消息传开后，人们都开始在九月九登高、饮菊花酒、佩戴茱萸，久而久之，成为节日的风俗。

乞巧节又名七巧节、七夕，时间是农历的七月七日的晚上。乞巧节与牛郎织女的传说有关。牵牛星与织女星本是天上的两个星宿，但在中国人的想象里，它们是一对苦苦相恋的情人。织女是天宫王母娘娘的女儿，她心灵手巧，擅长编织，漫天的彩霞都是她编制的。织女爱上了人间的牛郎（牵牛），私自下到人间，与牛郎共同生活。王母娘娘大怒，把织女抓回天宫。牛郎在后边努力追赶。就在快要追上的刹那，王母娘娘用簪子在天上划出一条天河（银河），挡住了牛郎的道路。王母娘娘规定，织女和牛郎只能在每年的七月初七见上一次面。每到七月初七，人间的喜鹊就都飞到天上，在天河上为牛郎和织女搭起一座鹊桥，让牛郎织女在桥上相会。七月七日乞巧节，就是牛郎和织女见面的日子。

每逢七夕，中国的家家户户都陈列瓜果酒肴，一边眺望清澈的银河，一边讲述牛郎织女的传说。女子们还要手拿针线，向织女祈求做针线纺织的技巧，所以叫"乞巧"。农历七月已经是秋天了，经过了雨季的潮湿，天气变得干燥，适合于晾晒衣物、书籍。从汉代开始，七月七日晾晒衣物、书籍就成了一种风俗，魏晋南北朝时最为盛行。直到今天，在北方还有"七月七晒棉衣"的说法。

思考题

1. 为什么中国商周时期的"天帝"崇拜没有发展成为一种宗教呢？
2. 道教的最终目的是什么？道士们通过哪些方式来达到这种目的？

3. 结合禅宗的产生和发展，说说佛教是如何中国化的。

4. 中国主要的菜系有哪些？

5. 中国传统婚嫁习俗中的"六礼"包括哪些内容？

6. 中国人过春节有什么习俗？

第八章　中国文学概况

中国文学是世界上历史最悠久的文学之一，它拥有长达三千多年没有中断的发展历史，在诗歌、散文、小说和戏曲等方面积累了极其丰富的文化遗产，是人类文化宝库中的瑰宝。20 世纪初，西方列强凭借武力强行打开中国国门，中国被强行纳入全球化的世界格局当中，由此走上坎坷而漫长的现代化道路，中国文学也因此而发生了深刻的变化，进入了新的现代汉语文学（也叫做新文学）的发展阶段。中国现当代文学，或者新文学，从文学观念、语言体式到主题、思想，都与之前的古代汉语文学有着巨大的差异，但在内在精神、情感体验方式上，又是一脉相承的。

第一节　中国古代文学的基本情况

在三千多年的历史中，中国古代文学可以被分成四个时期：先秦文学、秦汉和魏晋南北朝文学、唐宋文学、元明清文学。

先秦时期是中国古代文学的奠基时期。在远古时代，虽然还没有产生书面文学，但是，神话传说和歌谣等口头文学已经在民间流传。《诗经》是我国古代第一部诗歌总集，它收录了 305 首诗歌，分成风、雅、颂三个部分，从不同角度向我们展示了当时五六百年间古代社会各个方面的生活面貌。战国时期，在南方的楚国产生了一种新的诗歌体，这就是楚辞。楚辞的代表诗人是伟大的爱国主义者屈原以及宋玉等人。屈原的作品有《离骚》、《九章》、《九歌》、《天问》等二十几首，表达了作者对于美好理想的追求和向往。《诗经》和楚辞是中国古代文学的源头，《诗经》用写实的方法表现社会生活，楚辞用浪漫的想象抒发感情，它们分别开创了中国古代文学的现实主义和浪漫主义的文学传统，对后来的中国文学产生了重大的影响。

春秋战国时期，产生了一批非常有才华的政治家和思想家，他们被称为先秦诸子。先秦诸子写作了大量的散文，这些散文追求的是说理、叙事的实际作用，但是他们大量运用比喻和排比，使得诸子散文当中出现了许多文学价值极高的作品，其中最具有代表性的是《庄子》。另外有《论语》、《孟子》、《墨子》、《荀子》、《韩非子》等。和诸子散文一起出现的是以叙事为主的历史散文，《左传》、《国语》、《战国策》是其中的代表。这些作品有的以年代作为叙事的顺序，有的按照国家不同分别叙事，情节曲折，人物生动，具有很高的艺术性。

　　秦汉和魏晋南北朝是中国古代文学的发展时期。秦代留下来的作品很少，李斯的《谏逐客书》是秦朝文学的代表作。汉朝建立后，出现了一种新的文学形式：汉赋。汉赋是一种用韵的散文，介于诗歌和散文之间。枚乘的《七发》，奠定了汉代大赋的基本形式，司马相如和扬雄是汉大赋的代表作家。另外有一种形式接近于楚辞，主要用来抒情的骚体赋。骚体赋以抒情为主，汉大赋以描绘客观事物为主。东汉开始出现篇幅比较短小的抒情小赋，标志着汉赋创作倾向的重大改变。汉朝的主要诗歌形式是乐府诗和五言诗。乐府诗具有现实主义的精神，深刻反映了东西两汉生活的各个方面。汉乐府中的《孔雀东南飞》是中国古代第一部长篇叙事诗。汉乐府诗直接影响了五言诗的形成。汉代五言诗的代表作是《古诗十九首》，这是一组文人创作的抒情短诗。东汉末年，文人的诗歌创作迅速发展，进入建安文学时期。建安文学以三曹（曹操、曹丕、曹植）和建安七子为代表。到了东晋时代，玄言诗成为主流，诗歌内容以玄学佛理为主。陶渊明在玄言诗之外独树一帜，他的诗歌是五言诗在魏晋南北朝时期的最高成就，并且为古典诗歌开创了田园山水诗派。

　　汉代文学的另一个重要成就是散文，以司马迁的《史记》成就最高。《史记》开创了纪传体史书和传记文学的先河，对后来的叙事散文有重大影响。魏晋南北朝时期出现了志怪小说、志人小说，最著名的是干宝的《搜神记》和刘义庆的《世说新语》。这一时期，文学批评和文学理论也得到发展，出现了《文心雕龙》、《诗品》等文学理论巨著，这是文学批评史的一个繁荣期。

司马迁

　　中国文学在唐代进入了一个高峰时期，诗歌发展达到了空前繁荣的阶段。唐代诗人非常多，创作了大量脍炙人口的作品。以王勃为代表的"初唐四杰"和陈子昂为唐朝诗歌开辟了道路，创作了大量刚健清新、感情质朴的诗篇。真正代表盛唐诗歌最高水平的是李白和杜甫。李白是继屈原之后最伟大的浪漫主义诗人，他的诗歌感情奔放、风格豪迈，《蜀道难》、《将进酒》等都是流传千古的杰作。杜甫是伟大的现实主义诗人，他的诗歌反映了唐朝从盛到衰的历史过程，被人称为"诗史"，以"三吏"、"三别"最有名。白居易是中唐时期的著名诗人，他发起了新乐府运动，他的《卖炭翁》和长篇叙事诗《长恨歌》、《琵琶行》等广为流传。唐代的其他诗人，像孟浩然、王维、高适、岑参、王昌龄、元稹、韦应物，他们或者以山水田园，或者以边塞风光作为诗歌内容，留下了许多名篇佳作。晚唐的杜牧、李商隐的诗歌哀婉感伤，形式精美，耐人寻味。

在诗歌之外，唐代韩愈、柳宗元发起了古文运动，他们主张继承先秦散文的优良传统，反对六朝以来的形式主义文风，对宋代散文的发展起到了重大的作用。

到了宋代，中国古代的词创作进入鼎盛时期。北宋前期，晏殊等人的词风格婉约，而柳永对宋词进行了革新，把词从原来的士大夫小圈子里解放出来，让它面向市民生活。柳永大量创制了长调慢词，他的作品具有浓郁的平民色彩。苏轼最能代表宋词的成就，他的词不仅表现内心感情世界，而且表现社会现实生活，他打破了诗和词的传统界限，使词成为独立的抒情诗体。南宋最伟大的爱国主义词人辛弃疾继承了苏轼的豪放风格，在词的艺术表现手法上有新的突破和创造。苏轼和辛弃疾是宋词豪放派的代表。宋词的其他词人，例如北宋的秦观、黄庭坚、周邦彦，南北宋之间的中国古代最伟大的女词人李清照，南宋的张元干、张孝祥等都以自己的创作共同创造了宋朝词坛风格各异、色彩缤纷的繁荣局面。宋诗的风格和唐诗不一样，唐诗主情，宋诗主理。北宋影响最大的诗人是苏轼和黄庭坚，南宋诗歌的代表是陆游、杨万里和范成大。黄庭坚开创的江西诗派是宋朝最重要的一个诗派，陆游是宋代最伟大的爱国诗人。

宋代散文的成就非常高。欧阳修等人继承了韩愈、柳宗元的古文运动，发起了诗文革新运动。王安石、曾巩、"三苏"（苏洵、苏轼、苏辙）等人是诗文革新运动的杰出代表，其中，苏轼的散文成就最高。欧阳修、王安石、曾巩、"三苏"和唐代的韩愈、柳宗元，被后世尊称为"唐宋八大家"，他们的作品一直是后人学习古代散文的典范。

元代是通俗文学迅速发展的一个时期，它的代表性文学形式是元曲。元曲是杂剧和散曲的合称。元杂剧的主要作家有关汉卿、王实甫、马致远等人。关汉卿是元杂剧的奠基人和代表作家，他的《窦娥冤》、《救风尘》、《拜月亭》，以及王实甫的《西厢记》、马致远的《汉宫秋》、白朴的《墙头马上》和《梧桐雨》、纪君祥的《赵氏孤儿》等是元杂剧的代表作品。元代散曲具有浓厚的通俗文学色彩，它是一种配合流行曲调演唱的抒情诗体，有小令、套数两种，内容十分广泛，几乎无所不包。元散曲前期的代表作家有关汉卿、马致远；后期是张可久、乔吉、张养浩等。马致远的《天净沙·秋思》是元散曲中的杰作。

明清文学的代表形式是小说和传奇。长篇章回小说的开山之作是罗贯中的《三国志通俗演义》，它是在民间传说和说唱艺人话本的基础上，将虚构与写实相结合而创作的一部奇书，成功再现了三国魏晋历史的宏大场面。施耐庵的《水浒传》是一部以农民起义为题材的长篇章回小说，它通过一个个相对独立又环环相扣的故事描绘了宋江起义的全部过程。在此之后，长篇章回小说创作达到高潮。其中，影响较大的是吴承恩的《西游记》和兰陵笑笑生的《金瓶梅》。《西游记》是中国文学历史上神怪小说的经典作品，《金瓶梅》是文人独立创作的第一部长篇小说。明代短篇小说也相当繁荣，它的主要形式是拟话本。拟话本是一种由文人创作的模拟民间话本的短篇小说。著名的拟话本结集，有冯梦龙的《喻世明言》、《警世通言》、《醒世恒言》；凌濛初的《初刻拍案惊奇》和《二刻拍案惊奇》。这几部作品合称为"三言二拍"。

明代传奇取代了元杂剧的主导地位，其中，最著名的是剧作家汤显祖的《牡丹亭》，它代表了明传奇的最高成就。明代杂剧的代表作是徐渭的《四声猿》。

在明代的基础上，清代的小说和传奇得到进一步发展，达到了新的高度。其中的代表作有蒲松龄的《聊斋志异》、吴敬梓的《儒林外史》和曹雪芹的《红楼梦》。《聊斋志异》是一部文言短篇小说集，它继承了六朝志怪小说和唐宋传奇的艺术传统。《儒林外史》是中国文学史上第一部文人讽刺小说。《红楼梦》代表了中国古典小说的最高成就，它深刻的思想内容和巨大的艺术魅力征服了无数读者，甚至因此诞生了专门的"红学"。

清代传奇也结出了丰硕果实。洪昇的《长生殿》和孔尚任的《桃花扇》堪称其中的杰作。之后，传奇逐渐衰落，取而代之的是京剧和各种地方戏，这意味着中国古典戏曲开始向近代戏曲发展。

第二节　中国古典诗歌

一、先秦诗歌

《诗经》是中国第一部诗歌总集，一共收入了从西周初年到春秋中期大约500多年的诗歌305首，包括国风160首、小雅74首、大雅31首、颂40首。《诗经》分为风、雅、颂三个部分。风包括15国风，指的是各个地方不同的音乐。雅包括大雅和小雅，是周朝国都地区的音乐。颂是宗庙祭祀用的舞曲。汉代讲授《诗经》的有四家，他们是鲁人申培、齐人辕固生、燕人韩婴、赵人毛苌，简称为鲁诗、齐诗、韩诗、毛诗。鲁、韩、齐三家属于今文经，毛诗出现比较晚，属于古文经。东汉末年，毛诗广为流传，其他三家逐渐消亡，今天的《诗经》就是毛诗。

《诗经》里的诗可以分为社会政治诗、爱情诗、史诗和农事诗。有的诗篇揭露了统治者的腐朽，喊出了反剥削、反压迫的呼声，例如《硕鼠》和《伐檀》；有的诗篇表达了对徭役兵役的憎恨，例如《君子于役》和《采薇》；有的诗篇歌颂了男女之间真挚的爱情和对美好婚姻生活的向往，如《静女》、《蒹葭》。《诗经》中常用赋、比、兴的表现手法，赋是直接叙述，比是打比方，兴是借用别的事物作为诗的开头，引出所要歌咏的对象。《诗经》句式整齐，声调和谐，基本上以四言为主，结构常采用叠章的形式，各章词句基本相同，每章只更换一两个字以表示事物发展的顺序和过程，这种分章叠咏、词句复沓的表现方式形成了一唱三叹的艺术效果。《诗经》中还常常使用双声、叠韵、叠字、叠句的手法。

《诗经》对后世文学影响很大，历代进步文人在创作中倡导"比兴"、"风雅"，实质上就是倡导《诗经》的现实主义精神。五言诗的兴起和发展，唐代诗歌的繁荣，文学史上由诗到词、由词到曲的文体转变都说明了民歌是作家们进行文学创作和文学革新的源泉。

"楚辞"之名出现于西汉早期，本义是泛指楚地歌辞，后来演变为战国时代以屈原创作的诗歌为代表的新诗体的专称。屈原的作品流传下来的有 20 余篇，其中以《离骚》、《九章》、《九歌》、《天问》最著名。屈原虽身处战火不息的战国年代，但仍然志行高洁，满怀深沉的爱国情感，他在作品中表现出对美好理想的热切向往和执著追求，也表达了对奸佞当道的愤慨和鄙视。楚辞的艺术价值也很高，句式以六言、七言为主，长短参差，多用语气词"兮"。《离骚》是屈原最杰出的代表作，也是我国古代文学史上最宏伟壮丽的长篇抒情诗。全诗长达 372 句，2 400 余字，从叙述自己的身世、理想、遭遇入笔，强烈抨击了楚国黑暗的政治，表达了诗人对理想的执著追求，并展示了他为理想奋斗不息、至死不渝的崇高人格。屈原在《离骚》中运用的浪漫主义的借喻、象征和神奇瑰丽的想象，成为后世文学创作的典范。

二、汉赋

汉代的辞赋类作品，按照内容和表现形式，可以分为两种类型：一种以抒情为主，类似于楚辞，被称为骚体赋，例如贾谊的《吊屈原赋》；另一种以描绘客观事物为主，铺排摹绘，被称为汉赋，例如枚乘的《七发》，司马相如的《子虚赋》、《上林赋》等。

枚乘对辞赋的发展作出了开创性的贡献，他的《七发》标志着汉代大赋的形成。司马相如把大赋创作推向高峰。扬雄是西汉后期最大的辞赋家，他的《甘泉赋》、《蜀都赋》等作品把大赋创作推向了又一个高峰。东汉出现了由大赋向抒情小赋的发展变化，大赋中铺叙摹绘的成分开始减少，抒情的成分大量增加，作品形式普遍趋于短小。

两汉文学里最有价值的是乐府诗。乐府本来是掌管音乐的国家行政机关，后来人们把乐府演唱的诗歌也叫做乐府，于是乐府成了诗体的名称。汉乐府包括贵族创作、文人创作和民歌三个部分，今天保留下来的有将近一百首，其中有民歌四十首左右，这是乐府中的精华。乐府民歌的现实主义精神和赋比兴手法的运用，与《诗经》是一致的。至于它的叙事艺术、质朴浅白的语言、以五言和杂言为主的语言形式等，却体现了诗歌艺术的进一步发展。

三、唐诗

唐朝是中国诗歌的黄金时代。《全唐诗》里收入了两千余名诗人的将近五万首诗，而唐朝的诗人之多，肯定不止这个数目。

"初唐四杰"王勃、杨炯、卢照邻、骆宾王的诗歌纠正了南朝的形式主义风气，使唐诗从宫廷走向社会，扩大了诗的表现范围。陈子昂也反对颓废、雕琢的诗风，主张恢复古诗比兴言志的传统。"初唐四杰"和陈子昂等初唐诗人在诗歌中表现出来的雄壮与豪迈，被称为唐诗风骨。

盛唐是中国古典诗歌的高峰，近体诗在这一时期得以成熟。这一时期有两大诗歌流派：一是以王维、孟浩然等人为代表的山水田园诗派，二是以高适、岑参、王昌龄等人为代表的边塞诗派。李白和杜甫是中国诗歌史上的伟大诗人。李白的诗歌俊朗飘逸，充满了澎湃的激情和神奇的想象，既有变幻莫测的壮丽奇观，又有浑然天成的明丽清新，是屈原之后成就最大的一位浪漫主义诗人，被称为"诗仙"。杜甫身处从盛唐向中唐过渡的转折时期，他是中国诗歌的集大成者，被称为"诗圣"。杜甫的诗沉郁顿挫，以时事入诗，直面社会现实，把文学从侧重于抒发个人情怀引向写民生疾苦，从理想引向写实，给文学创作开拓了空前广阔的视野。

与盛唐诗歌相比，中唐大量诗歌表现出孤独寂寞的冷落心境，清雅高逸而宁静淡泊，较有影响的是刘长卿、韦应物的山水诗和李益的边塞诗。中唐是诗歌创作的又一个高潮。以白居易、元稹为首的现实主义诗人，掀起了一场新乐府运动，明确提出诗歌应该以表现社会现实为主。张籍、王建也是新乐府诗的重要诗人。白居易和元稹的诗写实尚俗，被称为元白诗派。另外还有韩孟诗派。韩愈的诗歌气势雄放，意象瑰奇，具有"以文为诗"的特点。孟郊作诗追求险怪奇峭，是著名的苦吟诗人。李贺继承了韩孟的险怪风格和苦吟传统，又向唯美主义发展。刘禹锡、柳宗元的诗歌也各有特色，独树一帜。

李白行吟图 [（南宋）梁楷作]

晚唐最有成就的诗人是李商隐。他以《无题》为名的爱情诗绮丽精工、朦胧含蓄，具有沉痛凄切的抑郁情调和忧伤的美，是感伤唯美文学的典型。杜牧擅长写七绝，内容多伤春伤别和咏史怀古，风格俊朗高绝。

四、宋词

词是在唐代随宴乐而兴起的新诗体，它起源于民间，敦煌曲子词是现存最早的民间词。五代时，中国第一部文人词总集《花间集》问世，到宋朝，词进入鼎盛时期，成为宋代文学的标志。晏殊在宋初词坛上影响最大，他是词从晚唐五代过渡到北宋的关键人物，不仅开创了宋词婉约派的风格，而且在词的内容和手法、音调格律等方面都有重要贡献，影响着欧阳修和整个宋代词坛。柳永对宋词进行了第一次革新。他创制了慢词体制，将赋体的铺叙手法运用到长调慢词上来。柳永的词雅俗兼备，他能够用俚俗的语句描绘男女情感，抒发漂泊之情，除了写都市词、歌伎词外，柳永尤其擅长抒发游子在外漂泊的心情。苏轼扩大了词的内容范围，把广阔的现实生活和个人的内心世界都展示在词里，丰富了词的表现手法，使词成为独立的抒情诗体。周邦彦集北宋婉约词之大成，他的作品标志着宋词艺术的升华和成熟。秦观、晏几道、贺铸等人的词也各有特色，他们共同创造了北宋词的繁荣局面。

南北宋之交，出现了我国古代最优秀的女词人李清照，她的词情思委婉而襟怀超脱，温婉而不造作，被称为"易安体"。辛弃疾是南宋最伟大的爱国主义词人，他继承发展了苏东坡的豪放风格，他的词雄奇阔大，充满了浪漫主义的奇情壮思，深于寄托，善于用典，语言功力非常之深，在词的艺术表现手法上有了新的突破和创造。陈亮、刘过、张元干等词风类似于辛弃疾，被誉为是辛派词人。南宋中后期的词趋于雅致。姜夔是清雅词派的开创者，他的词空灵高雅，是南宋雅词的典范。

五、元曲

这里的元曲指元代散曲，它是配合当时流行曲调清唱的抒情诗体。散曲在元代被称为乐府或者词，有小令和套数两种基本形式。小令是单支的曲子，按不同的宫调曲牌创作，曲调不同，字数和句式也不一样。套数又称套曲，由两支以上同宫调曲牌的曲子按照一定顺序组成。散曲具有浓厚的市民通俗文学色彩，生动活泼，通俗易懂。散曲的内容十分广泛，最多的是歌唱隐士生活和描写男女风情。

元代散曲分为前后两个时期。前期散曲分为两类：一类出自社会地位较低的杂剧作家、下层文人之手，风格多样，既有民间文艺的自然本色，又有文人创作的才华情韵，例如元代著名杂剧作家白朴、关汉卿、马致远等人的散曲作品；另一类出自上层文人士大夫之手，但艺术成就不高。

在元代后期，出现了一批以创作散曲为主的作家，例如张养浩、贯云石、乔吉、张可久等人。张养浩散曲创作的特点是以诗入曲，把曲作为一种新的抒情诗体来写。乔吉和张可久是创作成就最高的两个，他们的曲对仗工整、雅正典丽，有诗词化的倾向。

六、明清诗歌

明代诗人们的创作手法基本上是模仿古人，缺乏艺术上的创新，这是由诗歌自身发展和当时社会条件的约束造成的。刘基和高启是明初诗人的代表，他们的作品描写了社会动乱和民生疾苦，或者抒发个人情怀，具有一定的社会意义和文学价值。接着垄断诗坛的是以杨士奇、杨荣、杨溥为代表的"台阁体"诗派。这一诗派的作品大多数是应酬、题赠、歌功颂德、粉饰太平之作。茶陵诗派和前后七子为冲破台阁体的束缚作出了巨大贡献。以李梦阳、何景明为首的前七子和以李攀龙、王世贞为首的后七子，提出"文必秦汉，诗必盛唐"的主张。到了明代后期，以李贽为代表的注重个性精神、肯定通俗文学的先进文学思想，在社会上产生了极大影响。以袁宏道为首的公安派是李贽文学思想在诗歌领域的突出体现。公安派认为，独抒性灵是文学的首要任务，文学应当跟随时代而变化，不应该墨守成规。随后，竟陵派诗歌继续坚持抒情的文学主张，作了进一步的探索。明朝末年，陈子龙、夏完淳等人亲身经历了抗清斗争，写下了一系列慷慨激昂、沉郁苍凉的诗篇，抒发出爱国诗人的悲壮情怀。

清朝初年，遗民诗人的诗作具有关注现实、不忘民生疾苦的现实主义特点，他们的作品往往悲壮沉郁，感慨深远，代表诗人是顾炎武等人。清朝初年的另一批诗人由于他们选择与清政府合作，和忠诚于明朝的遗民诗人不同，所以这一批诗人往往陷于一种尴尬的处境，他们的诗歌透露出伤感的情怀，但在艺术手法上却能够继承明朝末年各种文学思潮的长处，代表诗人是钱谦益、吴伟业等人。王士祯提倡诗歌的神韵，成为当时诗坛领袖。神韵说重视诗歌本身的艺术性，反对各种社会因素对于诗歌的干扰，强调诗歌的消遣娱乐功能。清朝中期以后，形式主义和复古诗潮成为诗歌主流，有沈德潜的"格调说"和翁方纲的"肌理说"。与之相对的是以袁枚为代表的性灵诗派，要求诗歌直抒性情，反映社会现实。

第三节 中国古代散文

一、先秦散文

春秋战国时期是散文兴盛的一个时期，历史散文和诸子散文纷纷出现，一片繁荣。春秋战国各诸侯国的经济与军事实力迅速增强，国与国之间的竞争日趋激烈，以争夺土地、人口、财富为目的的战争连绵不断。列国纷争使得游说之士奔走于其间，从而产生了以记载各诸侯国的政治、军事、外交活动，以及各国贵族、知识分子的言论等为主的历史散文。另外，在文化上，私学的兴起和社会的动荡，促进了社会思想的发展，形成了思想界"百家争鸣"的繁荣景象。各派学者竞相著书立说，促成了诸子散文的兴盛。其中，影响较大的是儒、墨、道、法四家。

在历史散文方面，有《尚书》、《春秋》、《左传》、《国语》、《战国策》等。《尚书》是中国第一部历史文集，是以记言为主的古史。《尚书》有今文、古文的区别。《春秋》是鲁国的编年史，记录了鲁国和周王朝及其他诸侯国的历史事件，语言非常简明扼要。《左传》又名《春秋左氏传》，是配合《春秋》的编年史，与《春秋公羊传》、《春秋谷梁传》一样都是阐述《春秋》的，合称为"春秋三传"。《左传》虽是历史著作，但它是先秦时期最具有文学色彩的历史散文，在场面描写、人物塑造、细节捕捉和语言设计等方面都颇为精彩，对后世叙事文学有深远的影响。《国语》是中国第一部国别史，它以记言为主，并不完整系统地叙述历史，而是有选择地记录一些事件。《国语》文字质朴，成就在《左传》之下。《战国策》所记基本上是战国时纵横家的事迹和言论，其文章善于叙事说理，文辞铺张华丽，气势丰沛，文学价值很高。

诸子散文的主要目的是说理和叙事，但它大量使用比兴、排比等文学手法，从而出现了一批实用性与艺术性兼备的经典之作。先秦诸子散文有三个发展阶段。最初的是《老子》。《论语》和《墨子》。《老子》篇幅简短，是道家学派的开山之作。《论语》和《墨子》主要采用语录体，说理简洁，行文自然明快。战国中期有《孟子》和《庄子》，开始摆脱语录体，往往长篇大论，说理畅达，是说理文的进一步发展。其中，《孟子》气势充沛，行文波澜起伏，非常具有说服力和鼓动力。《庄子》充满了神奇的想象和浪漫的情调，在先秦散文中极具个性。战国后期出现《荀子》和《韩非子》。《荀子》以议论见长，《韩非子》和《庄子》一样，擅长运用寓言故事说理。先秦诸子散文中，《庄子》的文学价值最高。

《庄子》清光绪刊本

二、汉魏散文

汉魏散文主要有史传散文、政论散文和骈文三类。

在史传散文方面，司马迁的《史记》代表了汉代散文的最高成就。《史记》是中国第一部纪传体的历史巨著，也是文学史上史传散文的典范。它忠实于历史事实，却又能够塑造鲜明的人物形象，表现人物思想性格的重要特征。《史记》塑造了一大批出身不同、性格各异的人物形象。它在刻画人物上具有高超的技巧，具有精巧的谋篇布局，语言表现力极强，对后世文学，尤其是叙事文学的发展产生了巨大而深远的影响。

汉代史传散文除了《史记》，还有一部是班固的《汉书》。班固是著名的文学家和历史学家，他的《汉书》人物形象鲜明，结构严密，语言工整凝练，崇尚典雅。另外，赵晔的《吴越春秋》在记录历史中加入了虚构和传说，对后世的历史演义和人物传奇类作品产生了重要影响。

在政论散文方面，西汉初年的散文往往针对现实问题而作，语言平实明白，代表作家有贾谊和晁错。西汉后期，在经学的巨大压力下，仍有一些作家能够坚持个性，保持着质直朴实的文风，他们或者抒发个人的情感志向，或者直接对社会政治发言，代表作家有桓宽、王充、王符和仲长统。建安时期，散文形成了重抒情、重文采的创作倾向，在抒情、叙事或者议论方面都显得生动活泼，有很强的个性特点。建安之后，阮籍和嵇康的散文成就很高，其中有些文章在讽刺和抨击时事政治方面具有很高的艺术价值。南北朝时期，出现了一批融合南北文化的优秀作品，例如郦道元的《水经注》、杨炫之的《洛阳伽蓝记》，开创了中国古代的山水散文。

骈文是一种具有均衡对称美的文体，和散体的散文有明显区别。骈文的主要特征是注重对偶、用典，雕琢声律辞藻。从建安到两晋，散文沿着重视艺术特质的方向发展，在形式技巧方面进步很快。南北朝时，出现强调形式而忽视内容的倾向，开创了骈文繁荣的局面。齐梁之后，骈文更加精致，形式主义文风泛滥。但也有一些作家能够在不同程度上摆脱流习的影响，写出一些内容充实、风格独特的骈文，例如鲍照、孔稚圭、江淹、庾信等。

三、唐宋散文

唐代中期，韩愈、柳宗元等人领导了一场文体和文学语言的革新运动，也就是唐宋古文运动。古文和魏晋以来流行的骈文不同，它不像骈文那样讲究对偶、用典、音律和辞藻，因为在文体上效法先秦两汉的散文，所以被称为古文。古文运动实际上是一场文学革新运动，韩愈强调"文以明道"的创作思想，强调作家思想修养的重要性，要求把散文写作和现实批判结合起来。在文学形式上，韩愈要求全面创新，反对简单的模仿。柳宗元在反对形式主义文风方面和韩愈的态度相同。他们不仅是唐代古文运动的领袖，而且是司马迁以后最优秀的两位散文家。韩愈的散文气势磅礴，感情充沛，在语言句式上不断创新。《师说》、《原道》、《原毁》、《祭十二郎文》、《张中丞传后序》等是韩愈散文的代表作。柳宗元的散文以山水游记成就最高，以《永州八记》为代表作。他在描写自然景物的基础之上，能够融入自己的感受。他的游记散文创造了一种更为文学化、抒情化的散文类型，对后世产生了深远的影响。

北宋中期，欧阳修等人倡导诗文革新运动，继承发展了韩愈等唐代古文家的进步主张。欧阳修强调，形式与内容并重，在散文形式上要求创新，反对因袭模仿。北宋诗文革新运动发扬了唐代古文运动的现实主义传统，最终奠定了唐宋古文的主流地位。欧阳修的散文创作有政论文、史论文、叙事和抒情散文等，《醉翁亭记》、《朋党论》是他散文中的名篇。苏轼的散文代表了北宋散文的最高成就。在苏轼散文中，最具有代表性的是随笔、游记、杂记、赋等抒情性散文。这一类散文往往打破了各种文体之间的界限，把抒情、说理、叙事、写景等艺术手段交替使用，按照自己的内心活动随意挥洒，文章如行云流水，有形散而神不散之妙，《前赤壁赋》是苏轼散文中最负盛名、影响最大的篇章。欧阳修和苏轼之外，北宋文坛还有王安石、曾巩、苏洵、苏辙四位散文大家。这六位作家与唐代的韩愈、柳宗元被合称为"唐宋八大家"。

四、明清散文

在政治高压和文化专制下，明朝初年的散文实际上是"道统"散文，文人不得不依附于政权，代表官方意志，宣扬官方的意识形态（"道统"）。这类散文的代表是刘基和宋濂。明代中期，"唐宋派"在强调散文内容的正统意识的同时，重视文学的抒情作用，例如其代表作家归有光的《项脊轩志》，就是以感情真挚、通俗畅达著称。明代后期，小品散文出现。这是一种灵活便利、以抒发情思为主的新体散文。它形式多样，包括游记、书信、随笔、日记、序跋等。倡导小品散文写作的是以"三袁"（袁宗道、袁中道、袁宏道）为代表的"公安派"。公安派认为文学应该随着时代的变化而变化，强调个人的真实性情和自然趣味。小品散文是明代散文的重要贡献。

清初散文分"学人之文"和"文人之文"两派，前者强调文章的社会作用，以黄宗羲、顾炎武为代表；后者推崇唐宋散文的传统，以侯方域、魏禧为代表。清代中期重要的散文流派首先是桐城派，它因主要作家出自安徽桐城而得名。这一派的理论以程朱理学为思想基础，自觉服务于封建政权，以先秦两汉和唐宋古文为楷模，在文章的结构和写作方法上有非常系统化的规定。桐城派主张的核心是"义理"。义是言之有物，是书写合乎正统道德规范的内容；理是条理、层次、顺序，是从形式上要求把正确的内容用合乎规范的形式表现出来。桐城派的代表人物是方苞、刘大櫆、姚鼐。另外，崇尚华丽的骈文在清朝得到复兴。清代的骈文作家主要写作"四六体"骈文，少数作家不注重四字句与六字句的对偶，而是以四言短句为主，行文肃穆古淡，笔法闲适委婉。汪中的骈文代表了清代骈文的最高成就。

第四节　中国古代小说和戏曲

一、魏晋南北朝小说和唐人传奇

上古神话传说和先秦两汉的史传文学、寓言故事等，对后世小说有深远作用。到魏晋南北朝时期，志怪小说和志人小说开始大量出现，初步具备了后来小说的规模。志怪小说以记录鬼神灵异之事为主，干宝的《搜神记》结构完整，情节曲折，是志怪小说的代表作品。志人小说是对上流社会人物言行的记录，比较有代表性的是刘义庆的《世说新语》，另外有《笑林》、《西京杂记》、《语林》等。

在六朝志怪小说的基础上，唐代时期出现了一种新的小说文体，它融合历史传记小说、辞赋、诗歌和民间说唱艺术，构成流行的文言短篇小说，即唐人传奇。唐传奇经历了形成、繁荣和衰落三个时期。

在唐传奇的形成时期，它的内容类似于志怪小说，艺术上并不成熟，具有明显的过渡性质。但是，此时为数不多的作品已经能够注意到形象的描绘和结构的完整。王度的《古镜记》是现存最早的一篇唐代小说。张鷟的《游仙窟》是唐传奇形成期成就较高的作品，带有骈体小说的鲜明特征，显示出风格的多样性。

在唐传奇的繁荣期，单纯的谈神说鬼已经开始让位于对复杂社会生活的反映，涌现出一大批优秀的作品和许多传奇大家。此时的创作已经能够运用虚构手法塑造出众多性格鲜明的人物形象，语言艺术得到进一步的发展，在结构上能够重视情节的波澜起伏。沈既济的《枕中记》和李公佐的《南柯太守传》，虽然写的是神怪故事，但也具有丰富的社会寓意。李朝威的《柳毅传》、沈既济的《任氏传》、白行简的《李娃传》、元稹的《莺莺传》、蒋防的《霍小玉传》等，歌颂坚贞的爱情，运用写实手法刻画人物性格，塑造了一系列优美的女性形象，并且正式把世俗生活纳入到小说的表现范围里来，在唐传奇中有很高的成就。

衰落期的唐传奇倾向于言神志怪、搜集异奇之事，原有的现实主义内容受到削弱，但也产生出一些优秀的作品。杜光庭的《虬髯客传》是游侠小说里成就最高的一部作品。总的来看，唐传奇的产生和发展，标志着中国文言小说已经趋于成熟，开始成为独立的文学样式。它叙述奇人奇事，形象地揭露社会矛盾，能够表现出人物微妙的思想感情和性格特征。尤其是在离奇的情节、精妙的语言、多种文体与技法的兼采并用等方面，为后来的小说与戏曲创作提供了借鉴和营养。

二、宋元话本和明清小说

话本原来是民间说唱艺人用以表演的文字底本，是随着民间说唱艺术发展起来的文学样式。今天所见到的宋元话本，有"小说"和"讲史"两种。前者在宋代影响最大，后者在元代最为流行。

话本小说是经过文人编纂整理的小说话本，它从现实生活中汲取题材，形式短小，内容新鲜活泼，很受欢迎。现存的小说话本以爱情、公案两类作品为最多，成就也最高，如《碾玉观音》、《闹樊楼多情周胜仙》，这些作品反映了市民的审美追求，更贴近生活现实，具有浓郁的世俗生活气息。由于话本小说是结合听众的要求而创造出来的，所以它的体制形式一般是由题目、篇首、入话、头回、正话和篇尾六个部分组成，成为后来章回小说的起源。话本小说的叙述方式是连贯叙述，情节曲折，故事性强，带有悬念和巧合，符合大众的欣赏习惯。语言使用白话，通俗易懂，生动明快，打破了长期以来以文言为主的格局，为后来的小说戏曲语言打下了基础。

讲史话本基本上都是在史书记录的历史事实的基础上加以虚构、想象而形成的，受到官方正史的较大影响，类似于后来的长篇历史小说。宋代讲史话本有《五代史平话》和《宣和遗事》，但语言较为平淡。元代讲史话本风行一时，成就高于话本小说，它一般都是根据各种正史、野史、民间传说改编成的，白话与浅显的文言同时并用，有《武王伐纣书》、《乐毅图齐七国春秋后集》等。

明清时期，城市兴起，市民社会日益壮大，作为适应市民文化需要的小说也繁荣起来。在宋元讲史话本基础上发展起来的长篇章回小说，是明清两代中国长篇小说的唯一形式。罗贯中的《三国志通俗演义》是中国第一部长篇历史小说。它是罗贯中在裴松之作注的陈寿《三国志》的基础上，根据民间历史传说和民间艺人创作的话本与戏曲等说唱艺术，经过改造与再创作而完成的。这部作品结构宏大、情节曲折，再现了东汉末年到西晋成立的一段历史，成功塑造了一系列的英雄人物形象，例如刘备、诸葛亮、关羽、张飞、曹操等。施耐庵的《水浒传》是一部杰出的长篇小说，它在史实基础上由文人根据民间传说和说唱文学改编而成，记述了北宋末年以宋江等人为首的农民义军的悲壮历史。和以前的小说相比，《水浒传》在人物塑造上有很大的发展，作品人物既具有类型化的特点，又有自己的个性风格。《水浒传》开创了英雄传奇小说的道路，在题材、语言和结构上对后来的小说、戏剧、曲艺、绘画等都产生了很大的影响。

明中期以后，长篇小说迎来一个高潮，讲史小说、神魔小说、世情小说、公案小说等纷纷出现，吴承恩的《西游记》就是一部著名的神魔小说。它记叙了唐僧师徒西天取经、经过九九八十一难的曲折历程，塑造了孙悟空、猪八戒等性格鲜明的人物。《西游记》最大的特点是它的幽默与诙谐，语言轻松活泼，既引人发笑，又意味深长。兰陵笑笑生的《金瓶梅》是中国第一部由文人独立创作的长篇小说，也是一部世情小说。它直接取材于明代社会生活，在帝王将相与神仙妖魔之外，集中再现市民日常生活，对官场百态与世态人情有深刻的表现。《三国演义》、《水浒传》、《西游记》和《金瓶梅》并称为"四大奇书"，代表了中国古代小说的四种类型：历史演义、英雄传奇、神魔小说和世情小说。其中，《金瓶梅》开始逐渐摆脱说唱艺术的影响，向近代小说的方向演变。

明代短篇小说的主要形式是拟话本。这是一种文人模仿民间话本而创作的一种案头文学，它篇幅短小，多取材于社会现实，是短篇小说的起源。著名的拟话本结集，有冯梦龙的《喻世明言》、《警世通言》、《醒世恒言》和凌蒙初的《初刻拍案惊奇》和《二刻拍案惊奇》。拟话本小说的写作涉及明代社会生活的各个方面，着重对市民阶层的商人、手工业者、妓女的生活与心态进行描绘。

清代文学成就最高的是小说。这一时期，小说观念不断更新，题材范围不断扩大，小说技法不断成熟，实现了小说艺术的重大突破。清代白话通俗小说有四百种之多，文言小说更多达五百种，为以往历代所不及。就长篇章回小说来说，清初的英雄传奇小说有陈忱《水浒后传》，历史演义有钱彩《说岳全传》，公案小说有《施公案》，才子佳人小说有《玉娇梨》、《平山冷燕》和《好逑传》，家庭生活小说有《醒世姻缘传》和《红楼梦》，讽刺小说有《儒林外史》和刘璋的《斩鬼传》，才学小说有李汝珍的《镜花缘》。就文言短篇小说而言，形成了几个大的小说系列，有聊斋系列、阅微（草堂）系列、世说系列等。

蒲松龄的《聊斋志异》是一部文言短篇小说集，他继承六朝志怪小说和唐宋传奇小说的传统，用各种花妖狐魅的故事来曲折地映射社会现实，表达对女性的赞美和美好生活的向往。吴敬梓的《儒林外史》刻画了封建社会形形色色的知识分子，抨击八股制度对人灵魂的残害，是一部少有的讽刺杰作。《儒林外史》的结构艺术非常高超，它借一个人物的游历见闻来串起一个个相对独立的小故事，从而刻绘出封建儒林的人情百态。曹雪芹的《红楼梦》以家庭生活和男女爱情为题材，对整个封建社会及其文化进行了深入反思，在思想和艺术上都代表了中国古代小说的最高成就。《红楼梦》以贾、史、王、薛四大家族由盛转衰的过程作为背景，以贾宝玉、林黛玉、薛宝钗的爱情悲剧为中心，表现出封建制度最后的辉煌与不可逆转的衰亡，通过对日常生活琐事和人物内心的精微把握，塑造了一批栩栩如生的经典人物，使世情小说的写实精神达到最高境界。

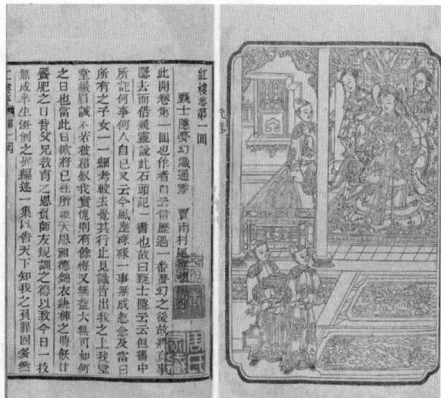

《红楼梦》程甲本 书影

三、中国戏曲的产生和元杂剧

据文献记载，早在原始社会，中国就已经出现了反映农牧业生产的歌舞。在商周时期，巫风盛行，歌舞内容主要是对于祖先或神灵的祝颂，其中已经包含了戏曲的萌芽。春秋战国时期的俳优类似于后来的喜剧。汉朝以竞技为主的百戏中出现了戏剧性故事的演出，民间流行的各种曲艺形式也对后来戏曲艺术的产生有着较大的影响。南北朝时期，出现了"拨头"、"参军"等具有一定故事内容和战斗意义的艺术表演形式，这些艺术表演形式为戏曲的形成准备了良好的条件。中国戏曲的形成是在唐宋金时期。唐代燕乐完成了中国音乐声律的大转变；"软舞"、"健舞"使表演的种类更加丰富，出现了故事性相当强的演出；"参军"戏更加流行，并且已经有歌唱和音乐伴奏。在唐宋城市中，出现了集中的游艺场所，为戏曲等演出做了物质上的准备。宋代在唐"参军"戏的基础上，出现了杂剧形式，杂剧分为艳段、正杂剧、杂拌三个部分，演出完整的故事。宋金说唱文学主要有鼓子词、词话和诸宫调等，诸宫调的故事内容丰富、乐曲多样，开始出现说白和歌唱的分工，它直接导致了元杂剧的产生。综上所述，传奇小说、话本小说等为戏曲提供了丰富的题材内容；说唱、诸宫调的乐曲组织和曲白结合形式直接影响了戏曲的形式；各种舞蹈使戏曲的身段和扮相更加美丽，这种种因素使戏曲表演艺术趋于成熟，使中国戏曲成为唱、念、做、打、舞集于一身的综合艺术。

元代是中国戏曲史上的黄金时代，有杂剧作家100多人，作品500多种，涌现了关汉卿、王实甫等优秀的杂剧作家。元杂剧由"四折一楔子"组成。折是音乐单位，每折是用同一宫调的曲牌组成的一套曲子，四折就是四大套曲子，可以选用四种不同的宫调。楔子篇幅较短，既可以放在第一折前交代剧情，也可以放在折与折之间起过渡承接作用。在杂剧的发展中，杂剧角色的分工越来越细，正末、正旦是主角，另外有各种配角。杂剧的剧本由曲词和宾白组成，分别起抒情和叙事的作用。元杂剧把歌曲、宾白、舞蹈、表演等有机结合起来，形成了独特的戏曲艺术形式，产生了韵散结合、结构完整的文学剧本。

关汉卿是元杂剧最优秀的代表作家，他的剧本题材广泛，风格多样，塑造出一批身份不同、性情各异的戏剧人物形象。他的创作无论是公案剧、爱情剧，还是历史剧，例如《窦娥冤》、《救风尘》、《单刀会》等，都能够把现实主义精神和理想主义色彩融为一体，具有震撼人心的力量。王实甫的《西厢记》是元杂剧中的一部佳作，它通过一对男女的爱情故事，批判了封建礼教扼杀人性的罪恶，歌颂了青年男女敢于追求美好爱情的精神，在刻画人物性格冲突和内心复杂活动方面成就极其突出。元前期还有许多优秀作家作品，例如白朴的《梧桐雨》、《墙头马上》，马致远的《汉宫秋》，纪君祥的《赵氏孤儿》，尚仲贤的《柳毅传书》，石君宝的《秋胡戏妻》等。

元代后期，杂剧创作中心南移，杂剧开始走向衰落，大多数创作都表现一般，比较优秀

关汉卿像（李斛作）

的作品有郑光祖的《倩女离魂》等。与此同时，南戏兴起。南戏是南曲戏文的简称，它最早流行于浙江一带，后来吸收了各种民间说唱艺术的营养，在故事内容和演唱艺术上受到元杂剧的影响，逐渐成为一种成熟的戏剧样式。高明的《琵琶记》是元朝末年影响较大的一部作品，它标志着南戏创作的艺术成熟，被称为"南曲之祖"。元代后期的《荆钗记》、《白兔记》、《拜月亭》、《杀狗记》合称为元代南戏的四大传奇。

四、明清戏曲

明代戏剧追求高雅的审美风格，主要有杂剧和传奇两种形式。明代传奇是在宋元南戏基础上发展起来的，它很快就取代了杂剧的地位，成为戏曲舞台上最重要的艺术形式。明代传奇影响较大的有两派：以沈璟为代表的吴江派和以汤显祖为代表的临川派。前者注重戏曲格律，后者强调内容词采。汤显祖是中国古代戏曲大家，代表作是《牡丹亭》。作品通过杜丽娘和柳梦梅的生死爱情，赞美了主人公追求幸福的执著和要

求个性解放的勇敢。《牡丹亭》具有鲜明的浪漫主义色彩，人物形象鲜明，文辞优美动人，在艺术上达到了炉火纯青的境界。《牡丹亭》和汤显祖的另外三部作品《紫钗记》、《邯郸记》、《南柯记》被称为"临川四梦"。

明代杂剧的代表作家是徐渭，他的主要贡献是《四声猿》。《四声猿》是《渔阳弄》、《雌木兰》、《女状元》、《玉禅师》四个杂剧的总称，标志着明代杂剧在内容和形式上的转折。

清代戏剧成就主要体现在传奇的创作上，有三大流派：一是以李玉为代表的苏州派；二是以吴伟业、尤侗为代表的文人派；三是以李渔为代表的形式派。苏州派的作品具有较强的市民色彩，关注现实，情节生动曲折，适合舞台演出，代表作品是李玉的《清忠谱》。文人派的作品具有较强的案头化倾向。形式派把戏曲的娱乐功能和形式技巧作为最高目标，例如李渔的《风筝误》，情节曲折，充满喜剧色彩。

代表清代戏剧最高成就的杰作是洪昇的《长生殿》和孔尚任的《桃花扇》。《长生殿》在描写李隆基和杨贵妃的爱情故事的同时，将爱情和政治紧密结合，描写了尖锐复杂的社会矛盾和政治斗争，取得了突破前人的成就。在戏曲艺术方面，《长生殿》塑造了一批个性鲜明的人物形象，力求表现出人物性格的多样性。它的艺术结构庞大，但却井然有序，语言晓畅自然而又充满诗意。《桃花扇》是一部以爱情故事为线索的政治历史剧，通过侯方域和李香君的悲欢离合，写出了明王朝灭亡的历史悲剧。《桃花扇》在历史真实和艺术真实的结合上取得了巨大的成就，既重视历史真实，又进行了完美的艺术加工；塑造了众多人物形象，每一个人物都能够给读者留下深刻的印象；在结构上十分精巧，以爱情为线索，把错综复杂的社会矛盾和众多历史事件有条不紊地组织起来。在爱情线索中，巧妙地借用一把颇具象征意义的扇子贯穿全剧，足可见作家之艺术匠心。

第五节　中国现当代文学

中国新文学一般被分成现代文学和当代文学两个大的历史阶段。其中，现代文学指的是从 1917 年前后文学革命开始到 1949 年中华人民共和国成立这一阶段的现代汉语文学；当代文学指 1949 年至今的文学。其中，现代文学经历了三个发展时期，也称为三个十年。具体指 1917 年到 1927 的"五四"启蒙文学时期，也叫做第一个十年，或者二十年代文学；1928 到 1937 年的第二个十年，也称三十年代文学；以及 1937 到 1949 年的第三个十年，即四十年代文学。当代文学也根据社会政治的变化被分成如下时期：1949 到 1966 年这十七年的社会主义建设时期的文学，习惯上称为"十七年文学"；1966 到 1976 年中国爆发了"无产阶级文化大革命"，这十年的文学通常被称为"文革文学"；文革结束到 1985 年前后，中国的社会政治在调整中回到正常的轨道上，开始进行改革开放，这一时期的文学被称为"新时期文学"；1985 年以来，文学环境发生了根本的变化，文学格局也日益呈现出开放、多元、丰富的发展趋势。

一、第一个十年的文学（1917—1927）

现代文学的第一个十年肇端于 1917 年的文学革命。作为新文化运动的一个重要组成部分，文学革命和新文学运动肇始于胡适、陈独秀 1917 年初发表于《新青年》杂志上的《文学改良刍议》和《文学革命论》这两篇文章。作为文学革命和新文学运动的理论纲领，这两篇文章要求废除用古代汉语文言写成的旧文学，主张采用现代汉语白话创作新的以人道主义和现代科学理性为内容的文学，从而服务于新文化运动旨在批判旧文化、输入新思想的思想启蒙的总体目标。

稍后，鲁迅、郭沫若等人创作的文学作品，展示了新文学做出的成绩，表明新文学取得了实质性的进展。在小说方面，鲁迅的《狂人日记》是第一篇产生巨大影响的真正意义上的白话小说（虽然它不是最早的白话小说），它和被收入《呐喊》、《彷徨》两部集子的鲁迅其他小说一道，为现代小说的发展奠定了扎实的基础。在诗歌方面，胡适等初期白话诗人的探索，彻底动摇了千百年来旧体格律诗的正宗地位。郭沫若的诗集《女神》更以其澎湃的激情、不羁的形式，为白话新诗开辟了崭新的抒情的天地，开创了自由体白话新诗的一代诗风。相比较而言，散文因为较好地解决了与古典传统的衔接问题，其成绩甚至超过了取法西洋的小说和诗歌，有鲁迅、李大钊等人创作的大量议论性散文（随感录和杂文），有周作人、俞平伯、朱自清等人创作的抒情叙事散文

鲁迅像

（"美文"）。瞿秋白的《饿乡纪程》、《赤都心史》，开创了中国现代报告文学的先河。在话剧上，则有胡适、洪深、田汉、欧阳予倩等的早期尝试。

这一时期的文学，形式上的最大特点是现代汉语白话的运用和各种文体形式与技巧的大胆创造与尝试；内容上则以反封建为首要主题。农民及其命运成为文学家关注的焦点，作家在描写农民的时候，彻底否定了旧的封建制度，凭借其人道主义的思想而获得强大的批判力量。知识分子，尤其是现代知识分子的生活和精神求索，是新文

学这一时期的另一关注重点，其中表现出现代知识分子强烈的忧患意识，以及他们反封建、追求个性解放的不懈努力。

1921 年后，大量新文学刊物和社团的涌现，表明新文学开始进入全面展开、自觉深入的新阶段。文学研究会、创造社、语丝社、新月社、未名社、莽原社、南国社、浅草社、沉钟社等新文学社团，以各异的文学旨趣、审美取向共同营造了新文学最初的繁荣。尤其是文学研究会的"为人生"的写实主义，创造社的"为艺术"的浪漫主义，代表了二十年代文学的两大主流。同时，在创造社的"为艺术"的口号下，同样存在着对于社会现实的强烈关注和自觉介入。文学与民族、国家的命运休戚相关，这是中国文学最重要的一个传统，它同样贯穿在 20 世纪的中国新文学当中。

二、第二个十年的文学（1928—1937）

这是现代文学深化和成熟的一个时期。从 20 年代到 30 年代，新文学完成了从"人的觉醒"到"阶级觉醒"、从"文学革命"到"革命文学"的转变，代表了这一转变的，是占据三十年代文学主流地位的左翼文学。"中国左翼作家联盟"（简称"左联"）领导下的无产阶级文学运动，在理论建设与宣传、文学创作两个方面，把这一时期的文学推入了新的境界，呈现出新的思想深度。这一时期，茅盾的《子夜》、《林家铺子》、"农村三部曲"等，以及蒋光慈、臧克家、丁玲、张天翼、萧红、萧军（以及"东北作家群"）、中国诗歌会等的创作，集中显示了左翼文学的成就。

左翼文学之外，追求文学的独立与自由的京派作家以及居于上海、从事现代主义先锋试验的海派作家，也是第二个十年文学地图中重要的景观。其中，巴金、老舍、沈从文、曹禺等作家的出现与成熟，在一定程度上表现出了中国现代文学的艺术高度。总体上看，这一时期的文学，题材得到空前的开拓。和二十年代文学关注个性解放不同，三十年代文学更强调对中国社会的多方位、全景式的表现。中国社会各阶层、各地域的人生样式与社会景观，共同构成了三十年代文学内容、题材的丰富性。

与此同时，文学的形式也在发生变化，中长篇小说和多幕话剧取得了骄人的成绩。这一时期涌现的最具有才华的作家，如茅盾、巴金、老舍、沈从文、曹禺，所产生的最杰出的作品，如《子夜》、《家》、《骆驼祥子》、《边城》、《雷雨》、《日出》，都集中在这两个领域中。在艺术表现上，叙事文学作家对于时代、环境与人物性格的关系有了辩证的把握，塑造典型环境中的典型人物，成为左翼作家的普遍追求。京派作家对于人性的关注、海派作家笔下的现代都市人的异化主题，也都产生相应的艺术形式的特点。

另外值得关注的是，这一时期的许多作家都在不断探索后逐渐形成了自己独有的艺术世界，这是作家成熟、文学成熟的重要标志。例如茅盾的"都市生活世界"、老舍的"北京小市民世界"、巴金的"热情忧郁的青年世界"、沈从文的"湘西边城世界"等。能够说明三十年代文学的成熟的另一个标志是，作家在继承传统、批判地吸收传统文学的营养以发展新文学这一方面的自觉程度有了很大提高，随着作家对民族生活、民族性格、民族心理的把握的日益准确，对民族语言的运用的逐渐圆熟，加上对民族传统表现手段的有意识借鉴，开始出现了一批具有鲜明民族风格和个人风格，同时具有现代品格的优秀作品，如鲁迅《二心集》、《伪自由书》里的杂文和《故事新编》这部小说集，上文提及的茅盾、巴金、老舍、沈从文的小说，曹禺的剧作，以及艾青和戴望舒的诗歌等。

三、第三个十年的文学（1937—1949）

第三个十年的文学（1938—1949）是抗日战争和解放战争时期的文学。十二年连绵的战争使中国处于十分动荡的时期，又是民族从血火中走向新生的历史大转折时期。这十二年的文学最显著的特点是和战争、救亡有着密切的联系，战争直接影响到作家的写作心理、姿态、方式以及题材、风格等。和以往阶段的新文学不同，这一时期全国划分成几个不同的政治区域，即国统区（国民党统治的地区）、解放区（共产党领导的抗日敌后根据地和后来的解放区）、沦陷区（日本侵略军占领的地区）及上海"孤岛"（指1937年11月日军占领上海后，租界处于被包围之中的特殊地区，直到1941年12月珍珠港事件发生，日军进入租界为止）。在这四个不同的政治区域，文学的风貌有所不同，文学史上通常按政治区域命名为国统区文学、解放区文学、上海"孤岛"文学和沦陷区文学。其中，国统区在全国面积最大，作家数量最多，而且有不同的流派倾向，文学思潮和创作比较活跃，所以更能代表四十年代文学的主潮。

在战争的不同阶段，国统区的文学有着不同的基调和面貌。从1937年7月7日卢沟桥事变到1938年10月武汉失守，是抗战初期，整个国统区的文学基调表现为昂扬激奋的英雄主义，文学活动转向以"救亡"的宣传动员为轴心。1938年3月27日，中华全国文艺界抗敌协会（简称"文协"）在武汉成立，实现了各派作家在民族旗帜下的空前的大团结，标志着文学界的抗日民族统一战线的成立。这是现代文学史上第一次、也是唯一的一次包括国共两党作家在内的大联合。在"文协""文章下乡，文章入伍"的口号号召下，作家们广泛地与社会现实、普通民众相结合，爱国主义成为文学创作共同的主题和追求，英雄主义的调子贯穿一切创作，表现出统一的、鲜明而单纯的风格。

1938年武汉失守后，抗日战争进入相持阶段。抗战初期昂扬激奋的社会心理慢慢沉静下来，人们开始正视战争的残酷和艰巨，开始审视在战争中暴露出来的民族文化的问题和现实的腐败现象，深沉的反思和批判成为主要的文学特点。作家们一方面面对现实，深入揭露阻碍抗战、阻碍民族更新的现实黑暗势力，对于民族文化的深层问题予以思考；另一方面，又转向历史，试图总结历史的经验来作为现实的借鉴，或者在历史中重新审视民族的文化传统，寄希望于今日的民族文化的重生，如萧红的《呼兰河传》，老舍的《四世同堂》，曹禺的《北京人》、《家》等；也有一批作家对于知识分子进行了认真的检讨，从而掀起又一个知识分子题材创作的高潮。在文学形式上，这一阶段最重要的文学形式是长篇小说、多幕剧、长篇叙事诗和抒情诗，这与当时普遍追求"史诗格调"的创作倾向有关。作家们往往通过一个或几个人物的生活历程，一个村落或一条胡同的变迁，去映现大时代的历史动向，如茅盾的《霜叶红似二月花》、巴金的《火》、老舍的《四世同堂》、路翎的《财主底儿女们》等。

1944 年 9 月，中国共产党提出"废止一党专政、成立民主联合政府"的议案，由此在国民党统治区掀起民主运动的热潮。这个运动从抗战后期一直延续到解放战争时期，文学也再一次与民主运动建立了血肉联系，主题与题材集中于两个领域：对黑暗的诅咒和对腐朽现实政治的否定。讽刺成为这一时期文学的主调。

和国统区不同，解放区创作的基调是明朗、朴素的。毛泽东的《在延安文艺座谈会上的讲话》提出了一套较为完整的马克思主义文艺思想方针，明确了文艺为工农兵服务的方向，解决了文艺大众化等一系列"五四"以来重要的文艺理论和实践问题，开辟了无产阶级革命文学的新阶段。在文学创作中，出现了新文学以来前所未有的新主题、新体裁、新形式，涌现了赵树理、孙犁、丁玲、周立波以及《白毛女》、《王贵与李香香》等一大批具有典型民族风格和民族气派的作家作品，显示了文艺为工农兵服务这一文学路线的重要成就。

四、中国当代文学的主要发展阶段和重要特色

1949 年 10 月 1 日，中华人民共和国成立，中国新文学随之进入新的当代文学的发展时期。中国当代文学的历史进程，从总体上大致可以分为四个阶段：十七年文学、文革文学、新时期文学和新时期以来到现在的文学。

新中国成立以后的十七年，是中国人民开始在和平年代进行社会主义建设的十七年。这一时期的文学（"十七年文学"）的基本特征是：走进历史尤其是当代社会现实生活，展现中华民族除旧布新的、以工农兵为主体的社会变革风貌，表现社会主义的时代精神。这一时期，小说创作以革命现实主义为主潮，在历史和农村现实题材方面，取得了最突出的艺术成就。尤其是后者，充分表现了中国农村在十七年中的一系列变革以及农民伦理道德观念、文化心理的巨大变化。在这一方面，以赵树理的《登记》、《三里湾》和柳青的《创业史》最具典型意义。此外，在话剧领域里，老舍的《茶馆》是颇为难得的收获，它为中国话剧赢得了世界性的声誉。但是，由于"左"倾思潮的严重干扰，导致这一时期的文学题材领域相对狭窄，人物形象单一片面，艺术风格、艺术形式的发展也受到极大限制。

1966 年至 1976 年十年文化大革命期间，政治观念和意图更直接地转化为文学作

品，作品的接受行为也更明确地被赋予了特定时期的政治意义。文革文学存在两个不同的部分：一是在公开出版物上发表的作品；一是在秘密或半秘密状态写作和传播的作品，即"地下文学"。官方文坛的写作完全被纳入政治体制中，戏剧居于各种文艺样式的中心，主要有《红灯记》、《沙家浜》、《智取威虎山》等八个样板戏，小说方面的代表作家作品是浩然的《金光大道》。

新时期文学指从文化大革命结束到1986年前后一段时期的文学。随着国家政治恢复正常，文学走向复苏和新的繁荣。这一时期作家队伍空前壮大，文学创作以现实主义为主潮，并吸收其他流派的文学经验，广泛探索各种创作方法，体现了新时期作家的探索创新精神。小说在新时期文学中成就最大，"伤痕文学"和"反思文学"相继出现，恢复了文学现实主义传统；"改革文学"和一系列广泛反映当代中国各种新变的佳作更将新时期文学的现实主义精神推向深入。1985年前后，小说观念发生了重大更新，阿城的《棋王》、韩少功的《爸爸爸》、莫言的《红高粱》等文化小说以现代意识重新审视民族传统文化心理；刘索拉的《你别无选择》、残雪的《黄泥街》、马原的《虚构》等"现代派小说"借鉴西方现代派文学的技巧、手法，表现出当代人在改革的现实中的精神生存。诗歌方面同样异彩纷呈。艾青、绿原等老诗人的归来，不仅是诗人"自我"主题性的归来，也是诗歌的审美价值的归来。舒婷、北岛、顾城等朦胧诗人，则显示出年轻诗人在现代诗学指向上的大胆探索。

1986年以来，尤其是90年代以来，当代文学环境发生了巨大的变化，在市场化和商品消费大潮当中，文学迅速失去了昔日的辉煌，从社会精神生活的中心滑向边缘，却也与各种宏大话语拉开了距离，以多元、个体化的方式取得了更为丰硕、稳健的成就。近十年来，小说尤其是长篇小说取得了长足的进步，主要的小说家如王蒙、贾平凹、张炜、韩少功、张承志、余华、苏童、王安忆、王小波、池莉、陈忠实等，都创作出了水准极高的长篇小说，这代表了作家和文学的成熟。同时，海外华文写作也取得了长足的进步。除了"长篇小说热"，这段时间里的文学热点还有"网络文学"和"散文热"。随着网络科技的迅速发展，网络文化、网络文学一时蔚为大观。重要的作家作品有宁肯的《蒙面之城》、安妮宝贝的《告别薇安》、慕容雪村的《成都，今夜请把我忘记》等。学者文化散文是新时期以来的一大文学热点，代表作有余秋雨的《文化苦旅》、史铁生的《我与地坛》、韩少功的《夜行者梦语》以及张承志、南帆等人的一些作品。

思考题

谈谈你对中国文学的基本认识。

第九章　古代中国的对外文化交流

　　古代中国与西方文明的交往、交流，历史相当悠久。在距今五千年的辽宁红山文化遗址中发现的陶制妇女裸体塑像，它的造型就和西方"早期的维纳斯"类型的塑像十分相似。在公元前6世纪，也就是中国的春秋、战国之交，中西文化开始了目前所知的最早的正式交往。当时，中国的丝绸已经成为希腊上层社会的宠爱之物；而在洛阳的古墓里也发掘出来自地中海的装饰品——玻璃制目镜。公元前5世纪，波斯文献中把中国称作"支尼"；印度史诗《摩诃婆罗多》、《罗摩衍那》中将中国称作"支那"。支尼和支那，很可能是战国霸主之一秦的音译。在古希腊著作中，中国是"赛里斯"，意思是"产丝之国"。

　　需要说明的是，近代以来，一度闭关锁国的中国向世界敞开大门，在追求现代化的过程中，中国人走出国门，放眼世界，在向西方学习的同时，也不断致力于中西文化之间的交流。经历了一个多世纪的风风雨雨之后，中国已经成为当代世界文化格局中不可或缺的重要组成部分，中外文化交流愈益频繁、紧密，其涉及内容之丰富、覆盖社会生活范围之广泛、介入国人生活程度之深刻，在中国历史上都是空前的，虽洋洋数十万言亦无法穷尽。有鉴于此，本章专论古代中国的对外文化交流。

第一节　徐福东渡与日本遣唐使

　　在中日两国早期交往历史中，有徐福东渡日本的传说。据西汉司马迁的《史记》记载，徐福是齐地人，他上书统一中国的秦始皇，称海上有蓬莱等三座仙山，上面有仙人居住。他愿意带童男童女出海求仙，为秦始皇寻找长生不老之药。秦始皇派徐福率领数千名童男童女出海。徐福等人出海之后，并没有回来，而是在海外找了一个地方，定居下来，自立为王。徐福到达的是什么地方，历史上没有明确记载。唐宋以后，随着中国和日本的交往越来越频繁，开始出现徐福到日本定居的说法，并且在日本也得到响应。明朝初年到中国来的日本僧人曾提到日本有徐福墓、徐福祠。日本人相信徐福当年登陆的地方在纪伊熊野浦（今天的和歌山县新宫市），直到今天，徐福墓和徐福祠仍是新宫市的名胜古迹。

　　徐福东渡的传说，说明中日两国的交往很早就已经开始了。日本的第一部史书《日本书纪》记载，应神天皇十四年（约公元2世纪），秦人（中国人）就在弓月君的率领下到日本定居。东汉初年，日本倭奴国派使臣来华，光武帝刘秀曾赐以印绶。魏晋之后，中日交往逐渐增加，到隋唐时达到鼎盛。为了学习中国文化，日本在隋朝时曾五次派遣遣隋使来华。在唐朝时期，又派出 18 批遣唐使，其中 16 次到达中国。使团成员包括正副使、僧人、学生、工匠，每次人数为 200 多人至 600 多人。

日本留学生在中国学习的内容包括文物典章制度、生活方式、社会习惯、文学艺术等各个方面。他们回国后，成为日本社会改革的重要力量。其中，南渊清安、高向玄理等学习中国均田制，在日本实行班田制，是日本"大化革新"的关键人物；吉备真备、空海等借助汉字，创造了日本的假名字母；僧人空海在长安青龙寺学习佛教密宗，归国后创建了日本佛教的真言宗；最澄在浙江学习天台宗，后来创立了日本的天台宗；最澄的弟子圆仁根据自己来华求法的经历写了《入唐求法巡行札记》一书，这是中外文化交流史上的一部重要著作。日本留学生也有留在中国做官的。阿倍仲麻吕（中文名晁衡）在唐朝参加科举考试，中了进士，曾官至秘书监。他和中国诗人李白、王维的关系非常好。

另外，唐朝高僧鉴真也为中日文化交流作出了巨大的贡献。为了弘扬佛教，他曾经先后 6 次冒死东渡日本，克服了种种艰难险阻，终于在公元 754 年成功到达日本。759 年，鉴真在日本建唐招提寺，传布律宗，并将中国的建筑、雕塑、医药等传到日本。

第二节　丝绸之路与郑和下西洋

丝绸之路是古代亚、欧、非之间往来的交通要道。这一交通要道虽然古已有之，但"丝绸之路"的名称是由德国人李希霍芬在 1877 年出版的《中国》一书中提出的。丝绸之路的名称和丝绸是古代东西方贸易的主要货物有密切关系。沿着丝绸之路，中国和西方各国来往的使团、商旅络绎不绝，中国的丝织品源源不断地运往中亚、西亚以及更远的欧洲和北非。西方的各种物产和音乐、舞蹈、绘画等也被带往中国。唐朝时丝绸之路最为繁忙，在这条道路上出土的唐代丝织物，已经不再是单纯的中国风格，而是经常采用中亚、西亚流行的花纹；而在新疆等地发现的唐代西域壁画也反映出罗马画风的影响，其中还有穿着希腊式衣服的妇女形象。敦煌石窟中的壁画是多种文化相互结合的杰作。在新疆出土的钱币，有萨珊波斯王朝的银币，也有罗马拜占庭的金币，这些都说明围绕着丝绸之路，中西之间的贸易与文化交流是多么频繁、深入。

丝绸之路是古代连接东西方交通路线的总称，具体路线不止一条，而是有许多条，而且在不同时期具体的路线走向也会有所变化。汉代时丝绸之路在西出玉门关、阳关后，有两条路线，称作南、北二道；魏晋南北朝时北道改称中道，又新开辟出一条北道，一直通向欧洲地中海地区。唐朝又开辟出两条新路线，它们在今天哈萨克斯坦境内会合后，向西可到地中海，向南可以到达阿拉伯等地区。唐代还有一条中印藏道，它由长安经青海进入西藏，到达今天的尼泊尔和印度。

丝绸之路的开辟，与张骞、班超等人密不可分。西汉时，北方匈奴实力强大，长期与汉王朝为敌，它曾击败生活在河西走廊的月氏人，迫使月氏人迁移到中亚地区。公元前138年，汉武帝派张骞出使西域，准备联合月氏人共同抗击匈奴。张骞途中被匈奴扣留，十年后方才逃出，继续西行，终于找到了月氏人。但月氏人已经习惯新居驻地的生活，不愿返回河西走廊与匈奴作战。张骞第一次出使西域，虽然没有实现联合月氏对抗匈奴的任务，但他获得了大量的关于西域地理、物产的情报，正式开辟了中国通向西方的陆上通道。后来，西汉

敦煌壁画·张骞使西域

打败匈奴，控制了河西走廊，于是张骞在公元前119年再次出使西域，与西域各国加强联系，使中国对西域有了更进一步的了解。中国历史上称张骞出使西域是"凿空"，有开辟道路的意思，所以张骞被认为是丝绸之路的开辟者。

东汉班超奉命出使西域，帮助西域各国摆脱匈奴的控制。班超出使西域二十余年，加强了西域各国与中国的友好关系，维护了丝绸之路的畅通无阻。公元97年，班超派助手甘英出访大秦（罗马帝国），准备直接和大秦建立联系。甘英到达波斯湾头，误信当地商人的话，以为无法渡过大海，最终放弃继续西行。汉朝丝绸之路最远能够到达的，就是甘英所到的波斯湾头。

除了陆上的丝绸之路，还有一条"海上丝绸之路"。海上丝绸之路是由海上连接亚、欧、非的通道。西汉时，商人们已经能够从今天越南北部，广东、广西港口乘船到今天印度东岸和斯里兰卡。东汉时，中国人已知道了可以从海上一路航行到大秦（罗马帝国），以及从波斯到红海的航海路线。魏晋南北朝时期，北方战乱不断，刺激了南方海上交通的发展，通过海路来华贸易的外国商人不断增加。唐宋时期，对外贸易非常兴旺，中国政府在广州、泉州等地设置"市舶司"，专门负责对外贸易事宜。阿拉伯人、波斯人、印度人纷纷来华经商、传教、定居。当时的广州、泉州等地是世界著名的大港口，每年抵达广州的各国船只有4 000艘之多。根据记载，海上丝绸之路是从广州出发，越过南中国海，横穿马六甲海峡，到达印度尼西亚苏门答腊地区，再经过马来西亚半岛，到达斯里兰卡、印度，从印度驶向阿曼湾，到达波斯湾头的伊拉克巴士拉，最后到达巴格达。当时从广州到巴格达，需要三个月的时间。

唐朝时，中国的造船业非常发达，所造船只完全可以适应海洋远航的需要，一般

的远航船只可以搭载五六百人，有五六十米长。中国船只在印度洋中航行，可以远达巴格达。宋元时期，由于使用了指南针等先进的航海技术，中国船只的航行能力进一步增强，大大便利了中西之间的海上交往。明朝初年，中西海上交通曾大放光彩，这就是1405 到1433 年的郑和下西洋活动。

郑和原姓马，小字三保，云南昆阳（今云南晋宁）人。他出生在一个世代信奉伊斯兰教的家庭，明朝平定云南的时候，郑和12 岁，被俘到宫中做太监，给朱元璋第四个儿子燕王朱棣当随从。后来，朱棣在北平（今北京）起兵，发动"靖难之役"，夺取了侄子建文帝的皇位。在这场战争里，郑和奋勇作战，出生入死，立下大功，从此受到朱棣的特别赏识。朱棣继位后，任命郑和为内官监太监，赐姓郑。

郑和第一次出航，是在永乐三年（1405 年）的六月。他率领的远洋船队共有大型宝船62 艘，各种人员两万七千多人，另外还有小型海船百余艘。这种大型宝船，每艘长44 丈，宽18 丈，都配备有航海图和罗盘针等当时世界上最先进的航海设备，船上载满了丝绸、织锦、瓷器、金银、铜钱和铁器等中国产的货物。这支当时世界历史上规模最为庞大的船队从苏州刘家港（今江苏太仓东浏河镇）出发，沿海路到达福建长乐，然后借海上的信风，从闽江口的五虎门扬帆出海。他们先到达占城（今越南南部），之后分别访问了爪哇、旧港（今印度尼西亚巨港）、满剌加（今马来半岛马六甲），接着向西驶向印度洋，抵达锡兰山（今斯里兰卡）、柯枝（今印度科钦），最远到达古里（今印度科泽科德）。古里是当时中西海上交通的一个重要港口，郑和在那里建立了一个航海纪念碑，然后返航，在季风的吹送下，于永乐五年（1407 年）秋天回到中国。之后，郑和进行了第二次航行，船队的航线和所到的地方和第一次基本相同。1911 年，在斯里兰卡的加勒发现了一块郑和当年树立的航海纪念碑。碑上所刻的文字是用汉文、泰米尔文、波斯文三种文字分别写成的，清楚地记载了郑和船队在斯里兰卡的活动。

第三次航行是在1409 到1411 年之间进行的。这一次，郑和率领的船队有48 艘船，两万七千人随船队出航。航行的路线和所到达的地方和前两次仍然基本相同。在这一次航行中，郑和在地处海上交通要道上的满剌加盖了仓库，建起了栅栏围墙，作为明朝海上贸易的中间转运站。一年以后，郑和第四次出行。船队在1413 年冬天出发，到达占城后，驶向急兰丹（今马来西亚吉兰丹）、彭亨、爪哇、旧港、满剌加、苏门答腊、锡兰山、溜山（今马尔代夫）、柯枝、古里；最后到达忽鲁谟斯（今伊朗霍尔木兹）。忽鲁谟斯是13 世纪下半期兴起的波斯湾口最重要的贸易港口，也是东西方交通的十字路口。与此同时，在苏门答腊的时候，郑和派出了一支船队，这支船队向西航行，访问了非洲东岸的木骨都束（今索马里摩加迪沙）、卜剌哇（今索马里布拉瓦）、麻林（今肯尼亚马林迪）等城邦，又抵达阿拉伯半岛的阿丹（今南也门亚丁）、剌撒（今北也门萨那）、祖法儿（今阿曼佐法尔），再到忽鲁谟斯后返航。

郑和出航西洋，所经各国纷纷派出使节，随郑和船队一起到中国来。为了护送各国使节平安回国，郑和船队在 1417 到 1419 年第五次出发，基本航线和第四次一样。在阿拉伯的历史资料里，记载了这次航行中郑和船队的一支小分队到达亚丁的消息。1421 到 1422 年，郑和沿上两次的路线第六次出航，并且派出小分队，再一次访问了东非海岸，到达木骨都束、卜剌哇、竹步（今索马里朱巴地区）、麻林、慢八撒（今肯尼亚蒙巴萨）等地。郑和第六次出航回国不久，永乐皇帝死于亲征蒙古途中。郑和的航海活动暂时中止下来。直到 1430 年，宣德皇帝才又派郑和率船队出海。这次出行规模庞大，所到的地方有占城、爪哇、旧港、满剌加、苏门答腊、锡兰山、小葛兰（今印度奎龙）、柯枝、古里、忽鲁谟斯、天方（今麦加）、秩达（今沙特阿拉伯吉达）、祖法儿、阿丹、木骨都束、卜剌哇、溜山等地。在返航途中，郑和不幸染病，病逝于古里。

郑和航海图（钱松岩作）

　　郑和下西洋，担任了中国的友好使者。远航船队满载丝绸、瓷器、铁器、金币等货物，每到一地，就以丝绸等物赠送给各国君主或者地方的首领，邀请各国到中国进行贸易活动。船队所到的地方，都受到了友好的接待。回国的时候，船队随船带回各地的土特产品，如象牙、香料、宝石等，大批外国使臣也随同来到中国。郑和七次出航南洋，访问了东南亚、南亚、西亚、东非的三十多个国家和地区，架起了一座通商、友好的桥梁。同时，也积累了丰富的航海经验，沟通了东西方的海上交通。举世闻名的《郑和航海图》，记录了郑和经南海、印度洋，直到东非海岸的详细航线，是中国在 15 世纪初对世界海洋地理学的重大贡献。

　　郑和下西洋的活动，极大地促进了东西方经济文化的交流。永乐年间，各国来中国的使节和商队络绎不绝，其中，永乐二十一年（1423 年），忽鲁谟斯等国来到中国的使臣就有 1 200 人。郑和远航后，明代出国到海外移民的人数也开始明显增加。他们把中国文明带到各国，促进了当地的社会发展和进步。通过郑和远航，享誉世界的中国丝绸和瓷器大量输送到亚非各国，成为亚非人民日常生活中的必需品。当时从亚非各国运到中国的货物种类也非常多，达到一百八十多种。郑和的伟大功绩，受到亚非各国人民的尊敬和纪念。在印度尼西亚的爪哇，有重要的商业城市三宝垄，在马来西亚的马六甲有三宝城和三宝井，泰国有三宝庙、三宝塔等，这些都表示了世界人民对于这位杰出的航海家（历史上称其为三宝太监）的永恒的怀念。

第三节　西方宗教的传入

在中国的四大宗教里，除了道教是中国土生土长的宗教，佛教、伊斯兰教和基督教，都是从西方传入中国，并与中国的传统文化互相影响、吸收，成为中国传统文化的重要组成部分，对中国的历史、哲学、文学、艺术等产生了程度不同的影响。

佛教是世界三大宗教之一，它本来是流行于印度的宗教，在公元前6世纪前后由古印度迦毗罗卫国王子乔达摩·悉达多创立，在印度孔雀王朝阿育王（约公元前273到前232年）时期，佛教从恒河中下游地区传播到印度各地，并不断向周围国家传播，在西汉末年、东汉初年逐渐传入中国。佛教是通过丝绸之路传入中国的。根据历史记载，西汉末年，西域大月氏派使者到汉朝，曾为景卢口授佛经，到东汉明帝时，佛教正式传入中国。这里有一个故事。明帝一天夜里做梦，梦中有头顶发出白光的金人从空中飞来。第二天，明帝把这个梦告诉众大臣。傅毅说金人是西方的佛。于是，明帝派人西行求佛，在大月氏遇见印度高僧迦叶摩腾和竺法兰，就邀请二人来中国传教。一行人用白马驮着佛经，于永平七年（67年）来到洛阳。第二年，明帝下令在洛阳建寺，为了纪念白马驮经，寺名叫"白马寺"，由两位印度高僧在寺内译经传教。白马寺因此被尊为中国佛教的"祖庭"，也就是发源地的意思。东汉末年以后，外国和中国西部地区来内地的僧人增多，翻译出不少的佛教经典，印度的小乘佛教和大乘佛教同时被介绍了进来。魏晋南北朝时期，佛教在中国发展得很快，普及到了大江南北和社会的各个阶层。梁朝有佛寺2 846座，僧尼82 700人；北魏国都洛阳一地有寺庙1 367座，江北整个地区有寺庙三万多座，僧尼200万人。经过这一时期的发展，佛教已经在中国扎下根来，它与中国传统文化不断融合，并在进一步的发展中出现了不同的宗教流派。

隋唐两代是佛教的鼎盛时期，也是中国佛教的成熟期。这一时期，形成了中国佛教的主要宗派，其中在中国历史上影响比较大的有天台宗、法相宗、华相宗、禅宗和净土宗。天台宗是第一个具有中国自己特色的统一的佛教宗派，以心为宗本的禅宗更是完全改变了传统佛教的面貌，成为中土佛教的代表，至此，传入中国的印度佛教正式发展成了中国化的佛教。

此时，不仅有许多印度、日本等国的僧人来到中国，也有不少中国僧人到印度求法，或者到日本等国传教。早在东晋年间，62岁高龄的中国僧人法显就不畏艰险，在公元339年，与同伴十余人一起，从长安出发西行。一路上，他们翻山越岭，同伴中有的病死，有的放弃，但法显毫不动摇，终于到达印度，后来又到尼泊尔、狮子国（今斯里兰卡）等地寻访佛迹，最后从海上回国。法显西行求法，用了15年，游历了三十多个国家，他不仅带回了大量的佛学经典，而且把他的经历写成了《佛国记》

（又名《法显传》）。唐朝初年，中国僧人玄奘去印度取经。他于贞观元年（627年）从长安出发，经过今天新疆的北部和中亚的一些地方到达印度，在那烂陀寺学习法相唯识理论，并且周游印度。645年，玄奘回国，带回佛经650部。在唐朝官方的资助下，玄奘在长安设立"译场"，翻译佛经75部，一共1335卷、1300多万字。他所写的《大唐西域记》，记载了他在印度、东南亚经过的110个国家和传闻中的28个国家的社会历史和文化情况，至今仍然在国际上享有盛誉。在唐高宗到武则天时期，又有一位中国高僧义净到印度求法。671年，义净从扬州出发，经过广州，从海上到达印度。他在印度那烂陀寺学习佛学和医学有10年时间，后来又在苏门答腊留学7年。带回佛经四百多部。他写的《南海寄归内法传》，记载了印度和东南亚的佛教、地理、民俗和医学，价值不在玄奘的《大唐西域记》之下。

　　中国的佛教对周边国家产生了巨大的影响。公元2世纪末，大乘佛教从中国传入越南，在4、5世纪得到较大传播。后来，越南又从中国输入禅宗与净土宗。在9世纪到13世纪末，越南形成了民族化的佛教流派。公元4世纪后期，佛教从中国传入朝鲜。新罗王朝成立后，朝鲜佛教得到进一步的发展。公元8世纪，中国禅宗由信行、道义二僧传入朝鲜。此后，佛教各流派在朝鲜趋于融合，又以与净土宗结合密切的禅宗影响最大。6世纪中叶，佛教从中国和朝鲜传入日本。日本圣德太子施政期间，要求全体臣民皈依佛教，并多次派遣使者到中国隋朝学习中国的文化与佛法。在这一时期，佛教得到大力推行。之后，赴中国取经的日本僧人日益增多，唐朝时期达到高潮。佛教传入日本以后，使日本文化飞速成长，并且渗透到日本人生活的各个角落，得到进一步的发展，有些还因此而形成了日本的习俗。

　　唐朝国力强大，统治者对各种外来文化采取兼容并蓄的态度，中西文化交流盛况空前。随着中西交通和经济文化交流的发展，除了西汉末年传入的佛教，这一阶段又从西方流入了摩尼教、祆教、伊斯兰教和景教。祆教又称火祆教、拜火教，起源于公元前6世纪的波斯。因为它崇尚光明，而火有光

玄奘付笈图（日本无名画师作）

亮，所以也崇拜火。隋唐时期，祆教从波斯和中亚传入中国，在唐代长安城西北部设有祆教寺院3座，在洛阳、凉州（今甘肃永昌以东、天祝以西一带）、沙州（今甘肃敦煌）等地也建有祆教寺庙。

摩尼教，又称明教，是波斯人摩尼在公元 3 世纪创立的。它吸收了袄教、基督教、太阳神教等的思想，和袄教一样宣扬善恶二元论，认为宇宙间光明与黑暗相互斗争，人们应助明斗暗。公元 4 到 6 世纪，摩尼教流传在北非、地中海沿岸各地。武则天时期，波斯摩尼教经师拂多延等人携带该派经典《二宗经》来到中国。从此，摩尼教开始在中国流行，陆续在各地设立寺庙。长安的大云光明寺，就是摩尼教的著名寺庙。尤其值得注意的是，摩尼教对贫苦民众有着相当强的吸引力。在中国封建社会后期，一些农民起义就是利用摩尼教明暗相斗的学说，来动员和鼓舞群众。著名的宋代方腊起义，就是用摩尼教来号召群众的。中国民间的秘密宗教组织，例如明教、白莲教等，都受到摩尼教的影响。

隋唐时期，随着大批穆斯林从西亚、中亚各地来到中国，伊斯兰教在中国流行起来。伊斯兰教又称回教。在唐代的长安、广州等穆斯林聚居的城市都建有清真寺。相传先知穆罕默德的舅父曾携带《古兰经》到中国来传教，受到唐太宗的重视，在西安建立了大清真寺。

景教在唐朝也叫"大秦景教"，实际上是基督教的一个支派，由叙利亚人聂斯托里创立，称聂斯托里教派。5 世纪末，聂斯托里派在波斯形成独立的教派，建立总教会，向西亚和中亚传播。在景教的东传过程里，突厥人起了重要作用。6 世纪末，突厥人首先在北方将景教传入中国内地。根据明朝末年在陕西出土的《大秦景教流行中国碑》的记载，唐太宗贞观九年（635 年），波斯景教僧侣阿罗本携带该教经书到达长安，受到唐太宗的接待，在宫中译经传道。随后，唐太宗发布诏令，准许建立教堂，传播景教。到唐高宗时，景教广为流传，阿罗本被封为镇国大法师。景教刚传入中国时，教堂都叫做波斯寺，后来改称大秦寺。除长安外，洛阳、灵武、成都、广州、扬州等地都建有教堂。《大秦景教流传中国碑》列有七十名景教僧侣的名字，其中大都是外来的僧人，来自伊朗、叙利亚等地。唐武宗崇尚道教，景教被明令禁止。到唐朝末年，景教基本已经退出内地，仅在新疆、内蒙古等地区留存。北宋时期，景教在辽国境内和西北少数民族地区得到传播。

元代统一中国后，一批蒙古贵族所信奉的景教成为全国流行的宗教之一。在这种情况下，基督教罗马教廷开始注意到东方的中国。13 世纪末，元朝景教教徒列班·扫马的活动成为基督教正式向中国传教的契机。列班·扫马是元大都（今北京）的一个维吾尔景教教徒，1278 年，他和另一个景教教徒马可斯一起去耶路撒冷朝圣，在今天伊朗境内拜见景教教长。后来，列班·扫马和马可斯留居巴格达，马可斯被任命为景教的主教、总主教，扫马也被任命为教会巡视总监。扫马在 1287 年曾出使欧洲，拜见罗马教皇。他的出使，使罗马教廷认为在中国广泛传教的时机已经成熟。1287 年，方济各会教士约翰·孟高维诺携带教皇的书信，前往中国传教，他是第一个正式出使元朝的欧洲使者。1294 年，孟高维诺到达大都，在皇宫附近建立了中国第一座罗马天主教的教堂，先后为数千人洗礼。1307 年，孟高维诺被教皇任命为中国教区的第一任总主教。教皇克莱蒙五世还派了 7 名教士前往中国，协助孟高维诺。其中三人到达大都，后来相继到泉州分教区担任主教。元朝与罗马教会的友好关系一直延续到元朝末年，这一时期，欧洲基督教文明直接传入中国。元朝称基督教为也里可温教，包括由原来在中国流传的景教和罗马方济各会教派传入的天主教。元朝专门设立了崇福司，管理也里可温教的事务，和专门管理佛教事务的宣政院、管理道教事务的集贤院一起，成为掌管宗教事务的三大主管机构。元代的也里可温教信徒有三四万人之多，大都是蒙古人、色目人（元朝对除蒙古外的西北各族、西域以至欧洲各族人的概称）。随着蒙古和色目人的迁移，也里可温教徒遍布全国各地。当时的北京、泉州、大同、扬州、新疆等地都有天主教堂。随着基督教的传入，基督教乐曲也在大都的大街小巷流传起来。

基督教再次进入中国，是在明末清初。1582 年，耶稣会传教士意大利人罗明坚获准在广东肇庆传教，成为突破明朝海禁政策、进入中国内地传教的第一人。但真正为在中国传教的事业打下基础的，是另一个意大利的传教士利玛窦。从 1583 年到广东肇庆传教，到 1610 年病逝于北京，利玛窦在中国传教将近 30 年。他潜心研究中国儒学，利用儒家学说宣扬天主教教义，《天主实义》一书是他在这一方面的代表作。书中将儒家学说和天主教义融合在一起，在明代官员士大夫中很有影响。同时，利玛窦对西欧科技、文化在中国的传播起到了媒介的作用，可以说他是来到中国的第一位西学代表。利玛窦传播西学，为他的传教活动开辟了道路。到他去世的时候，北京、南京、南昌、肇庆等地都建起了天主教教堂，全国的教徒有 2 500 人。明朝时期有名的来华传教士还有龙华民、邓玉函、汤若望、罗雅谷、南怀仁等，他们都采取了利玛窦的借传播西学来传教的有效方法。到明朝末年，天主教已经深入到宫廷当中，一些嫔妃、皇子、太监都信奉了天主教。据估计，当时皇宫内的天主教徒有 540 人，全国各省几乎都有传教士和信徒。清朝初年，统治者对天主教采取宽容和开明的政策。只是由于后来罗马教廷完全不顾中国国情，禁止中国的基督徒祭祖尊孔，这才导致康熙皇帝和雍正皇帝改变态度，下令禁止天主教。清朝末年，中国的国门被西方殖民者用武力强行打开，基督教才再次在中国登陆。

第四节　东学西传与西学东渐

明末清初，西方的传教士来到中国，在传教的同时也带来西方的科学知识；同时，他们向西方介绍中国的文化，这在历史上称作西学东渐和东学西传。

明朝以前，欧洲人对中国的了解极大地受到了一本名叫《马可·波罗游记》的书的影响。马可·波罗是意大利威尼斯人，元朝至元十二年（1275 年），他随父亲和叔叔来到中国，受到元世祖忽必烈的接见。马可·波罗受到忽必烈重用，他在中国生活了17年，经常奉皇帝的命令视察全国各地，走遍了大江南北和长城内外。1291年，马可·波罗奉命护送蒙古公主阔阔真出嫁波斯。在完成任务后，他返回故乡威尼斯。后来，马可·波罗参加了威尼斯与热那亚之间的海上战争，在战斗中被捕入狱。他在监狱里把自己的东方经历讲述给难友鲁思蒂谦听。鲁思蒂谦把马可·波罗的故事记录下来，这就是驰名世界的《马可·波罗游记》。《马可·波罗游记》

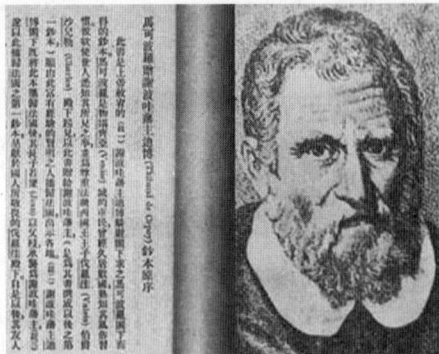

马可·波罗画像及《马可·波罗游记》书影

分别介绍了北京、涿州、太原、西安、成都、云南等地，对风景如画、繁花似锦的江南尤为赞赏。书中说杭州的大小桥梁有12 000座，全城人口160万户，中国各大城市中丝绸、胡椒、金银、珠宝都非常丰富，而全国驿站的完善、纸币的通行、煤炭的使用，更是当时欧洲人从来没有听说过的奇迹。《马可·波罗游记》不仅是中西文化交流史上的珍贵文献，而且对世界历史也产生了深刻的影响，它所叙述的中国的富裕繁荣和文化的发达，在当时还比较落后的欧洲引起了巨大的轰动。从此，东方的中国成了西方人心目中遥远的梦想，达·迦马、哥伦布、麦哲伦远渡重洋，开辟新的航道，都是为了追寻这样一个遥远而美丽的梦。可以说，是《马可·波罗游记》开创了欧洲人远洋探险的新时代。

明末清初，由于欧洲传教士在中国相对自由的活动，西学即欧洲的科技文化在中国的传播，得到了迅速的发展。在天文学方面，欧洲传教士们来到中国后，不仅翻译、介绍了许多西方天文历算方面的书籍，而且引进、制造了一批天文仪器，如地球仪、天体仪、望远镜等。比利时籍的传教士在清朝供职期间，主持设计制造了6件大型铜制天文仪器：天体仪、赤道经纬仪、黄道经纬仪、地本经仪、象限仪和纪限仪。西方传教士汤若望在明末和清初先后编成《崇祯历书》和《时宪历》，后者就是一直沿用到今天的阴历。法国传教士蒋友仁在介绍欧洲先进的天文学说方面作出了重要贡献。1761年，蒋友仁将手绘的《坤舆全图》进呈乾隆皇帝，并在这张图的文字说明部分里，介绍了伽利略、哥白尼的地动说和行星运动说，指出哥白尼学说的最大特点就是提出了地球围绕太阳运转的理论。蒋友仁的《坤舆全图》，受到中国学者的重视。

在数学方面，利玛窦和明朝官员、学者徐光启合译的欧几里得的数学名著《几何原本》，是关于平面几何学的系统性著作。这本书的翻译，大大丰富了中国几何学的内容和表述方式，也把新的逻辑推理方法介绍到了中国。利玛窦和李之藻合译的数学著作《同文算指》，是中国最早介绍欧洲笔算的著作。在这本书里，从加减乘除到开方，中国和西方的算术第一次融会在一起。由于简便易行，《同文算指》的内容在经过改进后，得到了普遍的推广。汤若望在1634年编成的《崇祯历书》里，也介绍了大量的西方数学方法，将西方平面三角学、球形三角学传入中国。在17世纪的中国主要有四种计算工具：珠算、笔算、筹算、尺算，其中后三种都是从西方传来的。

明朝末年，战争不断，为了增强军事力量，明朝统治者对西方先进的火器非常有兴趣。最早把西洋火炮带进中国内地的是葡萄牙人。当时，人们把这种火炮称为"红衣大炮"，因为葡萄牙又被叫做"佛朗机"，所以又称"红衣大炮"是"佛朗机炮"。这些"佛朗机炮"在对满族军队作战中发挥了威力，被封为"红衣大将军"。汤若望来华后，也奉命铸造火炮，在皇宫旁边专门成立了一个铸炮厂，两年时间里铸造了20门大炮，最大的可以发射40磅的炮弹。汤若望口授有一部制造火炮的书，专门记录火炮的图样、制作和应用。清朝也十分重视西洋火器。他们也把"红衣大炮"封为"大将军"，随部队一起行军打仗。在清朝初年平定地方军事叛乱、收复台湾的战争中，西洋火器发挥了巨大的作用。南怀仁就曾奉命督造神威大炮，并著有《神威图况》一书。

清朝统治逐渐稳固后，统治者开始把兴趣转向传教士带来的各种新鲜奇巧的欧洲工艺品，例如自动机器和钟表等。康熙时在清宫中服务的法国传教士陆伯嘉，专门制造钟表和各种物理器械。另一位法国传教士杨自新，曾为乾隆皇帝制作了一只自行狮子，发条藏在狮子的肚子里，上了发条后，可以行走一百步的距离。后来，他又制作有一狮一虎，能行走三四十步。传教士汪达洪制造的两个机器人，能手捧花瓶行走。他还改造过一个英国进献的机器人，使它能够书写满蒙文字。

和天文学、数学一起传入中国的，是西方的地理学。利玛窦所绘制的世界地图《坤舆万国全图》，第一次向中国人展示了地球的全貌，大大开阔了中国人的视野。意大利传教士艾儒略写的《职方外纪》一书，除了有世界地图，还有相关的介绍文字，是第一部向中国人全面介绍近代世界地理情况的著作。意大利人卫匡国著有《中国新地图集》，被欧洲人称为"中国地理学之父"。康熙皇帝曾经委托传教士雷思孝、白晋、杜德美等人对全国进行测量，经过十年的努力，终于完成了《皇舆全览图》。它是当时世界上工程最大、制图最精确的地图，比当时所有的欧洲地图都更准确。乾隆皇帝时期，在中国学者的合作下，传教士宋君荣、蒋友仁等绘制了一幅世界地图，称为《乾隆内府铜板地图》或者《乾隆十三排地图》。出于传教和个人的需要，欧洲传教士还利用自己的医学知识为皇族和王公大臣看病，把欧洲医学传到中国。法国传教士洪若翰、刘应等人，曾经用金鸡纳霜（奎宁）治好了康熙皇帝的疟疾。外科医生罗德先还为康熙皇帝治好了心悸症和上唇瘤。安泰不仅是皇帝的御医，而且为教友看病。传教士白晋和巴多明还把一部法国医学著作、根据血液循环和最新发现编写的《人体解剖学》翻译成满文，并附上有满文说明的插图。

传教士们还把欧洲的建筑技术与风格带到中国来。他们在各地修建具有欧洲风格的教堂。圆明园是康熙年间开始修建的中国著名的皇家园林，其中长春园的一部分就是意大利传教士郎世宁模仿法国宫殿风格设计建造的。法国传教士蒋友仁协助郎世宁设计了其中的西洋楼建筑群。蒋友仁擅长设计和工程机械，他设计的"水法"（即喷水池）有喷泉式水钟，用十二生肖代表十二个时辰，会轮流按时喷水。在西洋楼远瀛观南端的观水法，是乾隆皇帝观看喷水景色的地方，现在还能看到当年放置宝座的台基和石雕屏风，以及欧式的门。建成之后，受到乾隆皇帝的称赞。

在西洋楼的设计和修建过程里，郎世宁为西方建筑术传入中国作出了贡献，而且，他还把西方绘画艺术带到中国来。郎世宁是一位杰出的画家，在他20岁左右的时候，他就完成了热那亚一座修道院的壁画，显示出成熟的技艺。郎世宁把文艺复兴以后先进的欧洲艺术成就带到中国。他随身带来一批西方艺术书籍，来华后根据它们编写教材，教授学生。据说，他曾经与一位中国官员合作，编写了一本讲授绘画方法的书。郎世宁来到中国后，受到清朝统治者的欣赏，成为一名宫廷画家。在中国期间，他把西方透视、光暗表现等科学技法传授给中国画家。并且，他善于融会贯通，以西法作中国画。在西方绘画写实、透视的基础上，郎世宁吸收了中国的传统画法。他画的花鸟富有生气，各种马的造型尤其精彩，人物的穿着和神态相当中国化，但面部又是用西方的立体光暗来表现。例如他的代表作之一《马术图》，高2.23米，长4.26米，实际上采用的是西方巨型油画的形式，但笔法完全是中国的。另外，郎世宁还经常和清朝的中国宫廷画家合作，像他和唐岱等人合作的《乾隆雪景行乐图》，华丽的树木山石用中式画法，人物头像用西式画法，建筑用透视法，这幅画的构图气势雄浑，用笔十分工整，色彩华丽，是一幅难得的宫廷绘画佳作。

在将西方文化传到中国的同时，传教士们也把中华文明带回了西方。传教士们到了中国以后，到处游历、传教，对中国有了直接的认识。他们根据自己的见闻、经历写下的札记、日记和书信，为欧洲人展示了一个比过去的记录更加真实的中国，大大开阔了欧洲了解东方的视野。利玛窦就曾留下一系列的札记，内容包括当时明朝的各方面情况，以及传教士在中国传教的整个过程。这些札记被比利时传教士金尼阁带回欧洲，翻译成拉丁文后，在1615年出版，书名是《耶稣会利玛窦神父基督教远征中国史》。在这部著作里，利玛窦介绍了中国的风土人情、伦理道德、宗教信仰，特别是孔子的言行和儒家经典等各方面的情况，大大加深了欧洲人对中国的了解。另外，为了方便传教，传教士们还努力学习和研究中国的语言文字，编制了各种字典。其中，金尼阁在1626年编成的《西儒耳目资》，是最早的一部拉丁化拼音的汉语字汇书；18世纪中叶，德国传教士魏继晋编成历史上第一部《汉德字典》，收入汉语词汇2 200个。

在文学方面，传教士马若瑟最早将元曲《赵氏孤儿》翻译成法文。1735年，巴黎出版的《中华帝国全志》收入了这个译本，同时还收入四回《今古奇观》和《诗经》里的十几首诗。《赵氏孤儿》在欧洲文艺界引起了广泛的反响。法国启蒙思想家伏尔泰根据《赵氏孤儿》译本，写出了剧本《中国孤儿》。德国作家歌德也在他的日记、书信里多次提到《赵氏孤儿》对他的启发。在《赵氏孤儿》等中国故事的影响下，歌德创作了悲剧《爱尔培诺尔》。与此同时，另一部中国文学作品、小说《好逑传》，也受到欧洲人的欢迎。1762 年，英国作家汤玛斯挥·帕西编写的《中国诗文杂著》，收入了《赵氏孤儿》，以及他根据葡萄牙译本转译的《好逑传》。此外，德国人还把《好逑传》从英文转译成了德文。德国诗人、作家席勒曾经想改写《好逑传》，最后在《好逑传》的基础上，创作出了一部《图兰多特》，受到歌德的称赞。

在历史学方面，意大利传教士卫匡国是第一位用外文撰写系统的、严肃的中国历史的作家。他的《中国史十卷》，记载了从盘古开天辟地到西汉哀帝元寿二年（公元前 1 年）的中国历史。这本书和法国传教士冯秉正的十三卷本《中国通史》，系统地向西方介绍了中国的历史知识。另外，传教士宋君荣、奥尔良、白晋等人也纷纷著述，对中国历史和当时中国的状况予以介绍。这些有关中国历史的知识被介绍到欧洲以后，对于欧洲历史学家产生了影响。英国历史学家、《罗马帝国衰亡史》的作者吉朋，就曾经多次在著作里用到有关中国的历史资料，并且认为中国的史书可以用来解释罗马帝国灭亡的原因。在德国，冯秉正的《中国通史》在让读者获得关于中国的历史知识的同时，也给人一种错误的印象，似乎中国从公元前 10 世纪起直到清朝没有什么根本的变化。德国哲学家黑格尔和历史学家朗克等人受到这种影响，错误地认为"中国历史本身没有什么发展"，中国"还处于世界历史之外"，"中国人是永远静止的人民"。

早期来华的传教士一般都有着很高的文化修养，他们刻苦钻研中国的经学，将作为中国文化的核心的儒学介绍到欧洲。利玛窦是研究并向西方介绍中国儒学的第一人。在他之后，金尼阁把中国"五经"（《诗经》、《尚书》、《易经》、《礼记》和《春秋》）翻译成拉丁文；宋君荣翻译了《尚书》；马若瑟和孙璋翻译了《诗经》；雷孝思翻译了《易经》。清朝初期，殷铎则翻译了《大学》和《中庸》，柏应理和白晋对孔子学说和《易经》也有深入的研究。以儒学经典为核心的中国文化，经过传教士的介绍和研究，被传播到欧洲，被欧洲各国所吸收。欧洲 18 世纪的"启蒙运动"就受到中国思想的影响。

在德国，哲学家莱布尼茨受到传教士著述的影响，很早就接触了中国儒家、佛教和道教的思想。他读过中国哲学家老子尤其是孔子的著作。在《中国新论》一书里，莱布尼茨表现出对中国文化的巨大热情。他认为，儒学理论和基督教的教义有很多相同的地方，中国的"大同"理想和"大一统"的思想和他自己主张的欧洲和平的"大和谐"理想有着密切的联系。莱布尼茨曾和在华传教士白晋维持了 6 年的通信联系，他们有关《易经》的讨论对莱布尼茨的数学研究很有帮助。他们发现，《易经》卦图和莱布尼茨的数学二进位十分相似，从而推动了莱布尼茨二进制算数的完善。另外，歌德对中国文化尤其是孔子的思想非常熟悉。他称赞孔子是一位"道德哲学家"，认为孔子的通过修身来促进自身善和美的发展的见解，同自己的思想非常接近。因此，歌德被称为"魏玛的孔子"、"魏玛的中国人"。晚年歌德更多地受到儒家的"德"和道家的"道"的影响，十分向往中国伦理的宁静和安定。1827 年，在诗歌

《中德四季晨昏杂咏》里，歌德表达了他对中国文化的向往之情。

在法国，伏尔泰非常重视中国的思想。他强调儒学虽然是中国的，但它却是博大而且无所不包的，并不排斥其他的宗教和思想。著名哲学家孟德斯鸠同样认识到中国文化是世界各种民族文化中的一种，对欧洲基督教的文化专制提出了批评。除了伏尔泰等启蒙主义思想家，法国的重农学派也曾受到中国文化的影响，这个学派的创始人、著名经济学家魁奈被称为"欧洲的孔子"。此外，英国的资产阶级也非常注意吸收中国文化来为自己服务。哲学家贝克莱曾引用孔子的话来论证欧洲的道德观；经济学家亚当·斯密也通过对中国的论述，来论证自己的古典经济学的观点。

伏尔泰像（徐悲鸿作）

思考题

1. 简单叙述日本遣隋使与遣唐使的情况。
2. 为什么说张骞出使西域是"凿空"？
3. 佛教是怎样传入中国的？
4. 简单叙述基督教在古代中国的传播过程。
5. 什么是"西学东渐"和"东学西传"？

思考题参考答案

第一章　国土与资源

1. 答：（1）有利于夏季风将海洋上湿润气流送入内地，形成降水，为内陆地区提供较丰富水资源。（2）使中国许多大河东流入海，既有利于沟通中国的海陆交通，又便于东西部地区之间的经济联系。（3）西南地区河流的落差大，水流湍急，产生巨大的水能。

2. 答：（1）特点：主要分布在边疆地区，但汉族也与各少数民族杂居在一起。集中分布在西南、西北和东北等边疆地区。（2）政策：各民族不论大小，一律平等，国家保障各少数民族的合法权利，维护和发展各民族的平等、团结、互助关系。实施民族区域自治政策：①国家尊重各民族的风俗习惯；②国家保护各民族的语言文字；③民族区域自治政策。

3. 答：（1）中国是一个统一的多民族国家，中华民族由汉族与55个少数民族组成。它是中国古今各民族的总称。（2）在中国版图上的汉民族和其他少数民族世代相处，相互混杂和融合，使得各民族间我中有你，你中有我。中华民族形成和发展的历史充分说明，中国作为世界上一个文明古国，是由中国境内的各个民族共同缔造的。

4. 答：（1）土地资源丰富，类型多样。耕地、林地、草场、荒漠、滩涂等都有大面积的分布。（2）山地多，平地少，尤其是平原更少，就使中国的耕地比重较小，只有10%左右，而世界上不少国家都占30%以上。（3）农业用地绝对数量较多，相对数量较少。（4）各类土地资源分布不均，土地生产力地区差异显著。（5）中国耕地后备资源储量少。（6）土地资源破坏严重。

目前，人为破坏土地资源的趋势愈演愈烈，主要表现为：（1）由于城乡经济的发展，城市建设的扩大、乡镇企业的崛起，不断占用现有的耕地，使耕地面积呈逐年减少的趋势。（2）部分耕地土质退化现象比较严重，土壤有机质含量严重下降。（3）水土流失和土地沙漠化程度令人担忧。由于生态平衡被破坏，部分地区出现沙化现象，如西北、华北北部和东北西部等地区。此外，（4）工业污染对土地资源的破坏更加不可忽视，工业投放的"三废"进入土壤的数量逐年增多，受污染的土地面积日益扩大。

今后应采取保护措施：（1）依法管理土地资源。（2）土地资源的"开源"与"节流"。在开源方面，开辟垦荒地为耕地；宜林的荒地、荒山，可以植树造林。在节流方面，要严格控制工业、交通、城镇建设和生活用地。在农村建设时，可将居民住宅移到荒坡，腾出耕地。（3）加强土地资源的建设和保护。

5. 答：（1）某些重要矿产资源贫矿多富矿少。（2）伴生矿多，分选冶炼困难。（3）矿产资源地区分布不均。

6. 答：（1）河网少、年径流总量小，季节变化大。（2）工农业发达，人口稠密，水资源消耗量大。（3）水资源污染严重，尤其是工业污染日益严重。

解决的主要途径：（1）解决水资源空间分布不均的途径——跨流域调水工程。为了缓解华北地区缺水的问题，目前，已经建成或正在兴建许多大型的跨流域水利工程有"引滦入津"、"引滦入唐"、"引黄济青"、"南水北调"等工程。（2）解决水资源时间分配不均的途径——兴修水库。（3）节约用水，防治水污染。

7. 答：（1）建设"三北"防护林体系。（2）沿海防护林体系。（3）长江中上游防护林体系。

第二章　中国历史概况

1. 答：（1）结束了春秋战国诸侯混战的局面，有利于社会经济和文化的发展，为中国长期的统一奠定了基础。（2）在全国实行了郡县制，进一步完善国家行政管理制度。（3）实施"书同文"、"车同轨"，即统一全国文字，秦始皇下令推行一套笔画比较简单的字体小篆，作为全国通行的标准文字。（4）在全国推行统一的货币、度量衡制度。（5）确立土地个人私有制度。（6）发动了"焚书坑儒"事件，焚书坑儒破坏了大量珍贵的文化典籍，压制了思想文化的发展。

2. 答：（1）孔子、孟子为代表的儒家学派：孔子是古代伟大的思想家、教育家和理论政治家，儒家学派创始人。他一生从事传道、授业、解惑，被中国人尊称"至圣先师，万世师表"。后人把孔子及其弟子的言行语录记录下来，汇成《论语》。

理论内容：①政治思想，其核心是"礼"与"仁"，在治国的方略上，他主张"为政以德"，用道德和礼教来治理国家是最高尚的治国之道；②经济思想，最主要的是重义轻利、"见利思义"的义利观与"富民"思想；③教育思想，首次提出"有教无类"，认为世界上一切人都享有受教育的权利；④孔子提倡"诗教"，核心为"美"和"善"的统一，也是形式与内容的统一。

（2）老子、庄子为代表的道家学派：老子是古代最伟大的哲学家和思想家之一，被道教尊为教祖。老子的思想主张是"无为"，主要著作为《老子》，又名《道德经》。《老子》以"道"解释宇宙万物的演变，"道"为客观自然规律，同时又具有"独立不改，周行而不殆"的永恒意义。《老子》书中包括大量的朴素辩证法观点，"祸兮福之所倚，福兮祸之所伏"；"天下万物生于有，有生于无"；"民之轻死，以其上求生之厚"；"民不畏死，奈何以死惧之？"其学说对中国哲学发展具有深刻影响。

（3）韩非子为代表的法家学派：韩非是古代著名的哲学家、思想家，政论家和散文家，法家思想的集大成者，后世称"韩非子"，中国古代著名法家思想的代表人物，著作有《韩非子》等。理论内容：韩非注意研究历史，提出历史进步论。他认为施刑法恰恰是爱民的表现。他继承和总结了战国时期法家的思想和实践，提出了君主专制中央集权的理论。他主张改革和实行法治，要求"废先王之教"。他首先提出了矛盾学说。

（4）墨子为代表的墨家学派：墨子是我国战国时期著名的思想家、教育家、科学家、军事家、社会活动家，墨家学派的创始人。创立墨家学说，并著《墨子》一书。理论思想：①兼爱非攻，所谓兼爱，包含平等与博爱的意思。②天志明鬼，宣扬天志鬼神是墨子思想的一大特点。墨子认为天之有志——兼爱天下之百姓。③尚同尚贤，尚同是要求百姓与天子皆上同于天志，上下一心，实行义政。尚贤则包括选举贤者为官吏，选举贤者为天子国君。④墨子反对儒家所说的"生死有命，富贵在天"，所以提出非命论。

这些学派的思想成为中国古代传统思想的源流，对当时和后来的中国社会产生了极为深刻的影响。

3. 答：（1）中国社会矛盾变化。中华民族与外国资本主义的矛盾，人民大众与封建主义的矛盾成为中国社会的主要矛盾，而且前一个矛盾逐渐成为中国社会最主要的矛盾。（2）中国社会性质产生变化。中国逐步沦为半殖民地半封建社会。鸦片战争是中国近代史的开端。（3）国力日益衰落。

4. 答：（1）1931 年 9 月 18 日"九一八"事变。（2）1937 年 7 月 7 日卢沟桥事变。（3）1937 年 8 月 13 日淞沪会战。

5. 答：（1）辛亥革命是中国近代史上一次伟大的反帝反封建的资产阶级民主革命。它推翻了清王朝的统治，结束了中国两千多年的封建帝制，建立起资产阶级共和国。（2）颁布了《中华民国临时约法》。辛亥革命使人民获得初步的民主权利，在思想上获得了很大的解放，并促使人们继续去探索救国救民的道路。

6. 答：（1）中华人民共和国的成立，改变了中国历史发展的方向，也深刻影响了世界历史发展的进程。（2）中国最终走上社会主义道路，是历史的选择、人民的选择，这个选择经过了严酷的历史实践的检验。（3）中华人民共和国的成立，实现了国家的空前统一，奠定了社会主义的经济基础，确立了我国的基本政治制度，提高了中国的国际地位，开启了中华民族伟大复兴的历史新纪元。

7. 答：（1）重新确立了实事求是、一切从实际出发、理论联系实际的马克思主义思想路线，果断地纠正"以阶级斗争为纲"的错误口号，坚决批判了长期存在的"左"倾错误，作出了把全党工作重点转移到社会主义现代化建设上来的战略决策。（2）讨论了"文化大革命"中的一些重大政治事件和历史上遗留下来的一些重大问题，纠正了一批重大冤假错案，还作出了加快农业发展的决定。（3）从根本上冲破了长期"左"倾错误的严重束缚，是新中国成立以来中国共产党的历史上具有深远意义的伟大转折，开创了中国社会主义事业发展的新时期。

第三章 当代中国的政治状况

1. 答：中国人权建设的发展主要表现在以下几方面：（1）人民的生存权和发展权。（2）公民权利和政治权利。（3）人权的司法保障。（4）妇女、儿童权利的保护。（5）人权领域的对外交流与合作。（6）残疾人权益。（7）少数民族的平等权利和特殊保护。

2. 答：中国的少数民族政策主要有：（1）坚持民族平等团结。（2）民族区域自治。（3）发展少数民族地区经济文化事业。（4）培养少数民族干部。（5）发展少数民族科教文卫等事业。（6）使用和发展少数民族语言文字。（7）尊重少数民族风俗习惯。（8）尊重和保护少数民族宗教信仰自由。

3. 答：（1）中国政权组织关系是人民代表大会制度，中华人民共和国的一切权力属于人民。人民行使国家权力的机关是全国人民代表大会和地方各级人民代表大会。它有利于保证中央和地方的国家权力的统一，有利于保证国家权力体现人民的意志，有利于保证中国各民族的平等和团结，能够确保国家权力掌握在人民手中，符合人民当家做主的宗旨，适合中国的国情。中国人民代表大会制度的某些环节和具体做法还需要进一步完善，例如，需要进一步完善人民代表的选举。可以适当扩大差额选举的比例，以利于选出最优的代表。还需要进一步加强人大的立法和监督的职权，加强立法，使国家的政治生活、经济生活、社会生活等各个方面做到有法可依。进一步密切联系群众也是需要改善的地方，现在在一些地方，人民群众特别是农民的一些利益常受到忽视或损害，目前中国的经济和政治程度还不能进行直接选举，有时难以体现全部民众的意愿。

（2）中国实行中国共产党领导的多党合作与政治协商制度。它通过政治协商、参政议政、民主监督三种方式来实现，有利于推动祖国和平统一大业的实现。同时，中国的多党合作和政治协商还要更加体现民主党派的意愿，接受他们的合理建议，避免成为"一言堂"，进一步加强政治协商的制度化建设，真正体现民主党派的意愿。

（3）结合自己所在国家的实际政治情况作一个简要的对比分析。

第四章 当代中国的经济状况

1. 答：实行公有制为主体、多种所有制经济共同发展的经济制度，适合中国的国情。这是因为：

（1）中国是社会主义国家，必须毫不动摇地巩固和发展公有制经济。在中国，只有坚持公有制经济的主体地位，才能保证中国经济发展的社会主义方向，巩固和完善人民民主专政。才能逐步消灭剥削，防止两极分化，最终达到共同富裕。

（2）中国处在社会主义初级阶段，需要在公有制为主体的条件下发展多种所有制经济。改革开放以来，中国经济虽然有了明显的发展，但生产力整体水平比较低，发展很不平衡，呈现多层次性；加上人口多、底子薄，人民生活水平仍然不高，还有一部分地区和人民没有根本摆脱贫困落后的状况。在公有制为主体的条件下发展多种所有制经济，对充分调动社会各方面的积极性、加快生产力的发展有重要的作用。

2. 答：主要有三点不同：（1）社会主义市场经济是以公有制为主体的市场经济；（2）在分配制度上坚持以按劳分配为主，其他分配方式为辅；（3）社会主义市场经济的宏观调控更加自觉有力。

3. 答：中国现阶段生产力总体水平比较低、发展不平衡和多层次的情况，决定了中国不可能实行单一的分配方式。在公有制经济之外，还存在着多种非公有制经济，使个人的收入来源多样化，因而，也就必然会存在多种非按劳分配方式。在市场经济条件下，劳动、资本、土地、技术和管理等生产要素在经济活动中各自发挥着重要的作用。只有把这些经济活动重要的资源和收入联系起来，才能激励人们更有效地使用生产资料，提高利用效率。因此，必然会出现贫富分化的现象。

中国是公有制为主体的社会主义国家，在坚持以按劳分配为主体、讲究效率的同时，还要坚持公平的原则，同时先富要积极帮助后富，政府要努力通过自己的调节机制和社会政策，防止收入差距过分扩大，保证社会公正，才能有效地防止两极分化，最终实现共同富裕。

第五章　当代中国的基本国策

1. 答：主要有三项措施：（1）严格执行计划生育的基本国策。将计划生育的实施效果与官员的考核相结合，采取较为严厉措施惩罚违反计划生育政策的单位和个人。（2）大力发展教育事业，加大教育投入，重在转变思想，提高人口素质。增加用于提高人口素质的各类投资，尤其是要大力发展教育事业，通过发展教育事业达到普及知识、宣传教育和提高人口素质的目的。（3）分析人口结构，制定相关的辅助配套政策。妥善解决人口老龄化问题，不断寻求措施，希望从根本上解决老龄社会日益突出的养老、医疗等问题。

2. 答：实施科教兴国，主要有如下途径：（1）大力发展教育事业。培养专门的职业技术人才，加大对各级各类学校的扶持力度。（2）加大科技投入。努力提高科技工作者的待遇，进一步制定和完善各项激励政策措施，使广大科技人员的劳动与创新在分配上体现出来。（3）各级政府充分重视人才和科技的力量。积极创立良好公平的竞争科研环境，对科研人员予以充分的支持和奖励。积极发展高科技产业，注重质量对经济发展的重要作用。

3. 答：这道题是主观题。可以根据课文相关内容从三个方面作答：（1）对中国现阶段环境状况的介绍，例如环境污染、生态恶化等。（2）中国政府采取的措施。（3）谈谈自己所在国家的环保政策，并进行简要的比较和分析。

第六章　中国传统思想

1. 答："仁"是一种道德评价。在原始儒家的思想体系中，人之所以成为人，正是因为人具有"仁"这样一种内在的品质和道德规范。在儒家思想中，"仁"的道德含义就是"爱人"，而且"仁"的思想还体现在它自身的宽容忠恕方面。

在《论语》中，孔子认为"仁"的获得必须使天下恢复到周礼的约束之中。同时孔子还认为"仁"又不是一件简单的事情，而是后天不断努力修养的结果，达到"仁"的境地是需要不断努力的。

2. 答：老子认为"道"是宇宙的本源，也是统治宇宙中一切运动的法则。"道"存在，但人们又不能用日常语言来清晰地解释它，但是人们可以从"道"的外在表现"象"、"物"等来觅得它的大致模样。既然"道"是天地的根本和本原，那么人类的各种社会活动都要遵循"道"，否则就会遭遇挫折。

庄子从老子"道"的思想出发，发展出了一种"天地与我并生，万物与我为一"（《庄子·齐物论》）的"逍遥"精神。在庄子看来，人们要获得幸福，就要和"天"的自然相合一。这也就是天人合一的观念。而要做到这种"天"和"人"的合一，首先要打破人们原先就存在的那种旧有的束缚，突破人们心中的物我界限的思想。人们只要认识到万物之后的"道"，就可以真正做到"齐物"的境界。进而，在"齐物"之上的境界就可以进入"逍遥"心境。庄子认为，逍遥也就是心灵的绝对自由，只有在泯灭了心物之间的界限之后才能做到。

3. 答：朱熹理学中的"理"是形而上的、在自然现象和社会现象之上的、绝对的真理和规律。同样，"理"也是社会伦理道德的基本准则。"理"之下是"气"。"气"是仅次于"理"的居第二位的范畴。它是形而下者，它是"理"派生出来的具体物质，是可以看得到、触摸到的。

朱熹认为人的"心"来自"理"和"气"，所以"心"是"理"的具体化，和"理"有所区别。在朱熹的思想体系中，"理"是最高的，"心"是带有杂念的"理"的具体化，所以人们要求经常用"道心"来警惕"人心"。

陆九渊理学中认为心即理，他认为在"心"、"性"之间作出区别，纯粹是文字上的区别。"道"和"理"都是人的内心的体现，而人的内心也就是宇宙中所谓的"理"。

4. 答：所谓"知行合一"是指"知"和"行"二者是统一的。万事万物的道理都在人的心中，这就是"知"。而内心中代表真理的"知"就是"良知"。良知表现于行动就是"良能"。"知"表现于"行"，而不"行"就是不"知"。这就是"知行合一"。一个人只有不断地发掘和表现良知，才能够达到天地大道。

在"致良知"的理论中，"良知"就是天理，不需要学习就能知道，不需要思考就能够表现为行为，这是人内心所固有的，不需要向外求索。王阳明认为"良知"就是天理，"致良知"就是将良知推广扩充到世界万物。并且以"良知"作为衡量一切真假善恶的标准，良知对于一切事物，如同规矩尺度对于方圆长短一样。古代的经典和圣贤的言论，也应该经过良知的衡量，才能评定其是非价值。

第七章　中国的宗教和传统民俗

1. 答：在殷商时期，中国文化还有一种"天帝"的崇拜。后来到了周朝建立之后，周公改造了这种"帝"神的含义。周公把"帝"加上了"天"命说。周公认为"天"、"帝"合一，认为"天帝"是正义的，如果人间的帝王所作所为不符合正义的话，"天帝"就不会再保佑这个政权，天命就会转移，政权就会正当地更迭。周公这种更改使得远古的宗教转向了人间的道德。周公的解释使得中国的"天帝"崇拜没有向一种宗教发展，最终却成为后世儒家思想的开端。

2. 答：道教的基本信仰就是"道"，其最终目标是"得道成仙"。所谓"得道成仙"意思就是道教认为人通过修炼，就可以知道世界的大"道"，就能够回到世界的本原，这样人就可以像世界的本原"道"那样真正做到永恒自为，也就是人能够成为真正的神仙了。

"得道成仙"的原理很简单，但是方法却复杂而且多种多样。比如有许多修炼方法：炼丹、服食、吐纳、胎息、按摩、导引、房中、辟谷、存想、服符和诵经等。其中炼丹的方法也被人称为"外丹"，而通过自己身体的修炼来寻觅"道"的方法被称为"内丹"。

3. 答：禅的北宗和南宗的区别在于：北宗主张佛法的渐修，也就是通过苦修和勤勉的修行来最后谛得禅法；而南宗主张顿悟而即身成佛。认为不需要文字，直接寻找内心，闻言当下大悟，顿见人心本性才是修禅的正途。

和其他佛教的各个流派比较起来，禅宗去掉了复杂的佛教哲学的束缚，除去了苦修的过程，注重修行者自身灵魂的顿悟。只要内心顿悟，那么就可以得到佛法，简单易行，所以流传日广。从这里就可以看出很多中国老庄哲学和魏晋玄学的理论影响，因此也比较切合中国文化的内涵，更易于被中国文化所接纳。

唐五代以后的佛教，主要是禅宗，或禅、净合一者。尤其是宋代以后，禅学与佛教（学）成了同一含义的概念，谈禅也就是谈佛。

4. 答：中国的饮食在长期发展中形成了许多地方风味，有八大菜系、四大菜系等不同的说法。八大菜系是鲁（山东）、川（四川）、苏（江苏）、粤（广东）、浙（浙江）、闽（福建）、皖（安徽）、湘（湖南）；四大菜系是鲁、川、湘、粤。

5. 答：过去结婚要经过六个步骤，称为六礼。第一步是纳彩，就是男方托媒人向女方提亲。第二步是问名，男方问清女方的姓和出生的年、月、日和时辰，回家占卜吉凶。第三步是纳吉，是男方占卜到吉兆后，准备礼物通知女家，正式决定联姻。第四步是纳徵，即正式订婚下聘。男方要送给女方隆重的礼物，作为聘礼。第五步是请期，双方商定正式结婚的日期。第六步是亲迎，新郎亲自到女家迎娶新娘。

6. 答：春节前一天叫除夕，除夕当天的晚饭，叫做"团圆饭"或"年饭"。一家人无论相距多远，都要赶回父母身边过年，一起吃年饭。

中国人很早就有除夕贴门神的习惯，和它有关的还有剪窗花、写春联、贴年画、贴福字等，都是祝愿新的一年万事如意、幸福美满的意思。

春节放爆竹也是一项历史悠久的习俗。

第八章　中国文学概况

答：这是一道主观题，在回答时，可以注意以下要点：（1）从远古神话到今天的文学写作，中国文学是世界上历史最为悠久的、拥有三千多年历史的一种文学；（2）中国文学主要是以汉字汉语为工具的文学。根据汉语的历史变化，中国文学可以分为古代汉语文学和现代汉语文学两个大的历史阶段；（3）我们通常把中国文学史分为古代文学（古代汉语文学）、现当代文学（现代汉语文学）两个阶段。中国现当代文学（现代汉语文学）或者新文学，从文学观念、语言体式到主题、思想，都与古代汉语文学有着巨大的差异，但在内在精神、情感体验方式上，又是一脉相承的。

第九章　古代中国的对外文化交流

1. 答：中日两国的交往由来已久。日本的第一部史书《日本书纪》记载，应神天皇十四年（约公元 2 世纪），秦人（中国人）就在弓月君的率领下到日本定居。东汉初年，日本倭奴国派使臣来华，光武帝刘秀曾赐以印绶。魏晋之后，中日交往逐渐增加，到隋唐时达到鼎盛。为了学习中国文化，日本在隋朝时曾五次派遣遣隋使来华。在唐朝时期，又派出18批遣唐使，其中16次到达中国，每次人数在200多人到600多人不等。

日本留学生在中国学习的内容包括文物典章制度、生活方式、社会习惯、文学艺术等各个方面。他们回国后，成为日本社会改革的重要力量。其中，南渊清安、高向玄理等学习中国均田制，在日本实行班田制，是日本"大化革新"的关键人物；吉备真备、空海等借助汉字，创造了日本的假名字母；僧人空海在长安青龙寺学习佛教密宗，归国后创建了日本佛教的真言宗；最澄在浙江学习天台宗，后来创立了日本的天台宗；最澄的弟子圆仁根据自己来华求法的经历写了《入唐求法巡行札记》一书，这是中外文化交流史上的一部重要著作。日本留学生也有留在中国做官的。阿倍仲麻吕（中文名晁衡）在唐朝参加科举考试，中了进士，曾官至秘书监。他和中国诗人李白、王维的关系非常好。

2. 答：公元前138年，汉武帝派张骞出使西域，准备联合月氏人共同抗击匈奴。张骞第一次出使西域，虽然没有实现联合月氏对抗匈奴的任务，但他获得了大量的关于西域地理、物产的情报，正式开辟了中国通向西方的陆上通道。后来，西汉打败匈奴，控制了河西走廊，于是张骞在公元前119年再次出使西域，与西域各国加强联系，使中国对西域有了更进一步的了解。中国历史上称张骞出使西域是"凿空"，有开辟道路的意思，张骞被认为是丝绸之路的开辟者。

3. 答：佛教是世界三大宗教之一，它本来是流行于印度的宗教，从恒河中下游地区传播到印度各地，并不断向周围国家传播，在西汉末年、东汉初年逐渐传入中国。佛教是通过丝绸之路传入中国的。根据历史记载，西汉末年，西域大月氏派使者到汉朝，曾为景卢口授佛经。到东汉明帝时，佛教正式传入中国。东汉末年以后，外国和中国西部地区来内地的僧人增多，翻译出不少的佛教经典，印度的小乘佛教和大乘佛教同时被介绍了进来。魏晋南北朝时期，佛教在中国发展得很快，普及到了大江南北和社会的各个阶层。梁朝有佛寺2 846座，僧尼82 700人；北魏国都洛阳一地有寺庙1 367座，江北整个地区有寺庙3万多座，僧尼200万人。经过这一时期的发展，佛教已经在中国扎下根来，它与中国传统文化不断融合，并在进一步的发展中出现了不同的宗教流派。

4. 答：景教在唐朝也叫"大秦景教"，实际上是基督教的一个支派，由叙利亚人聂斯托里创立，称聂斯托里教派。6世纪末，突厥人首先在北方将景教传入中国内地。唐太宗贞观九年（635年），波斯景教僧侣阿罗本携带该教经书到达长安。到唐高宗时，景教广为流传，除长安外，洛阳、灵武、成都、广州、扬州等地都建有教堂。唐武宗崇尚道教，景教被明令禁止。到唐朝末年，景教基本已经退出内地，仅在新疆、内蒙古等地区留存。北宋时期，景教在辽国境内和西北少数民族地区得到传播。

元代统一中国后，景教成为全国流行的宗教之一。这一时期，欧洲基督教文明直接传入中国。元朝称基督教为也里可温教，包括由原来在中国流传的景教和罗马方济各会教派传入的天主教。元朝专门设立了崇福司，管理也里可温教的事务，元代的也里可温教信徒有三四万人之多，大都是蒙古人、色目人（元朝对除蒙古外的西北各族、西域以至欧洲各族人的概称）。随着蒙古和色目人的迁移，也里可温教教徒遍布全国各地。

基督教再次进入中国，是在明末清初。1582年，耶稣会传教士意大利人罗明坚获准在广东肇庆传教，成为突破明朝海禁政策、进入中国内地传教的第一人。但真正为在中国传教的事业打下基础的，是另一个意大利的传教士利玛窦。利玛窦在中国传教将近 30 年。他潜心研究中国儒学，利用儒家学说宣扬天主教教义，《天主实义》一书是他在这一方面的代表作。书中将儒家学说和天主教义融合在一起，在明代官员士大夫中很有影响。同时，利玛窦对西欧科技、文化在中国的传播起到了媒介的作用。明朝时期有名的来华传教士还有龙华民、邓玉函、汤若望、罗雅谷、南怀仁等。到明朝末年，天主教已经深入到宫廷当中，一些嫔妃、皇子、太监都信奉了天主教。清朝初年，统治者对天主教采取宽容和开明的政策。只是由于后来罗马教廷完全不顾中国国情，禁止中国的基督徒祭祖尊孔，这才导致康熙皇帝和雍正皇帝改变态度，下令禁止天主教。清朝末年，中国的国门被西方殖民者用武力强行打开，基督教才再次在中国登陆。

5. 答：明末清初，西方的传教士来到中国，在传教的同时也带来西方的科学知识；同时，他们向西方介绍中国的文化，这在历史上称作"西学东渐"和"东学西传"。

参考文献

[1] 人民教育出版社课程教材研究所地理教材研究开发中心．地理（义务教育课程标准实验教科书）．北京：人民教育出版社，2001.

[2] 王静爱，左伟．中国地理图集．北京：中国地图出版社，2010.

[3] 文永明．初中地理概念地图．桂林：广西师范大学出版社，2010.

[4] 人民教育出版社地理室．地理（上、下册）．北京：人民教育出版社，2000.

[5] 黄小黎．地理．广州：暨南大学出版社，2007.

[6] 何修文．历史．广州：暨南大学出版社，2007.

[7] 人民教育出版社历史室．中国近代现代史（上下册）．北京：人民教育出版社，2003.

[8] 人民教育出版社历史室．中国历史（第一、二册）．北京：人民教育出版社，2000.

[9] 人民教育出版社历史室．中国古代史（选修）教学参考书．北京：人民教育出版社，2002.

[10] 冯友兰．中国哲学史．上海：华东师范大学出版社，2000.

[11] 十三经注疏．上海：上海古籍出版社，1997.

[12]（清）黄宗羲．明儒学案．北京：中华书局，2008.

[13]（清）黄宗羲．宋元学案．北京：中华书局，1986.

[14] 卿希泰，唐大潮．道教史．南京：江苏人民出版社，2006.

[15] 任继愈．佛教史．北京：中国社会科学出版社，1991.

[16] 程裕祯．中国文化要略．北京：外语教学与研究出版社，2003.

[17] 钟敬文．钟敬文文集·民俗学卷．合肥：安徽教育出版社，1999.

[18] 章培恒，骆玉明．中国文学史．上海：复旦大学出版社，1996.

[19] 钱理群，温儒敏，吴福辉．中国现代文学三十年．北京：北京大学出版社，1999.

[20] 洪子诚．中国当代文学史．北京：北京大学出版社，1998.

[21] 张岱年，方克立．中国文化概论（修订版）．北京：北京师范大学出版社，2004.